高等职业教育新形态一体化教材

数控铣床编程与加工技术

主 编 徐 凯 乔卫红 李智慧

高等教育出版社·北京

内容简介

　　本书是高等职业教育数控类新形态一体化教材，是国家精品在线开放课程配套教材。

　　主要内容包括：数控铣床/加工中心基本操作，平面轮廓类零件加工，孔系零件加工，复杂零件加工等。

　　本书采用任务驱动的方式导入课题，以典型工作任务（图样）为载体的任务驱动形式展开章节内容的学习，其任务的实施过程基于真实的工作过程环节，提炼了数控技术专业的实际工作步骤和要求，将数控加工工艺、仿真、实训等步骤融入一体化的教材中。课题与企业生产紧密结合，前后章节内容有机衔接互相配合，难度以实用够用为度。注重学生理论联系实际能力的锻炼和学习方法的掌握，以及解决问题的方法和创新能力的训练。整个教材中还加入了大量信息资源，供学生学习使用。

　　本书重点/难点的知识点/技能点配有动画、微课等丰富的数字化资源，视频类资源可通过扫描书中二维码在线观看，学习者也可登录智慧职教（www.icve.com.cn）搜索课程"数控铣床编程与加工技术"进行在线学习。

　　本书既可作为高职高专院校数控技术、模具设计与制造和机电一体化等机电类相关专业的教学用书，也可作为成人教育、各类培训学校及自动化专业本科生的教学用书。

　　授课教师如需要本书配套的教学课件资源，可发送邮件至邮箱gzjx@pub.hep.cn索取。

图书在版编目（CIP）数据

数控铣床编程与加工技术/徐凯，乔卫红，李智慧主编.---北京：高等教育出版社，2020.9

ISBN 978-7-04-053408-5

Ⅰ.①数… Ⅱ.①徐… ②乔… ③李… Ⅲ.①数控机床-铣床-程序设计-高等职业教育-教材 ②数控机床-铣床-加工-高等职业教育-教材 Ⅳ.①TG547

中国版本图书馆 CIP 数据核字（2020）第 015657 号

| 策划编辑 | 吴睿韬 | 责任编辑 | 张值胜 | 封面设计 | 张　志 | 版式设计 | 马　云 |
| 插图绘制 | 于　博 | 责任校对 | 刁丽丽 | 责任印制 | 赵　振 | | |

出版发行	高等教育出版社		网　　址	http://www.hep.edu.cn
社　　址	北京市西城区德外大街4号			http://www.hep.com.cn
邮政编码	100120		网上订购	http://www.hepmall.com.cn
印　　刷	山东德州新华印务有限责任公司			http://www.hepmall.com
开　　本	787mm×1092mm　1/16			http://www.hepmall.cn
印　　张	14.25			
字　　数	330 千字		版　　次	2020 年 9 月第 1 版
购书热线	010-58581118		印　　次	2020 年 9 月第 1 次印刷
咨询电话	400-810-0598		定　　价	43.80 元

本书如有缺页、倒页、脱页等质量问题，请到所购图书销售部门联系调换

　　基于"智慧职教"开发和应用的新形态一体化教材,素材丰富、资源立体,教师在备课中不断创造,学生在学习中享受过程,新旧媒体的融合生动演绎了教学内容,线上线下的平台支撑创新了教学方法,可完美打造优化教学流程、提高教学效果的"智慧课堂"。

　　"智慧职教"是由高等教育出版社建设和运营的职业教育数字教学资源共建共享平台和在线教学服务平台,包括职业教育数字化学习中心(www.icve.com.cn)、职教云(zjy2.icve.com.cn)和云课堂(APP)三个组件。其中:

　　● 职业教育数字化学习中心为学习者提供了包括"职业教育专业教学资源库"项目建设成果在内的大规模在线开放课程的展示学习。

　　● 职教云实现学习中心资源的共享,可构建适合学校和班级的小规模专属在线课程(SPOC)教学平台。

　　● 云课堂是对职教云的教学应用,可开展混合式教学,是以课堂互动性、参与感为重点贯穿课前、课中、课后的移动学习 APP 工具。

　　"智慧课堂"具体实现路径如下:

　　1. 基本教学资源的便捷获取

　　职业教育数字化学习中心为教师提供了丰富的数字化课程教学资源,包括与本书配套的电子课件(PPT)、微课、动画、教学案例、实验视频、习题及答案等。未在 www.icve.com.cn 网站注册的用户,请先注册。用户登录后,在首页或"课程"频道搜索本书对应课程"数控铣床编程与加工技术",即可进入课程进行在线学习或资源下载。

　　2. 个性化 SPOC 的重构

　　教师可通过开通职教云 SPOC 空间,根据本校的教学需求,通过示范课程调用及个性化改造,快捷构建自己的 SPOC,也可灵活调用资源库资源和自有资源新建课程。

　　3. 云课堂 APP 的移动应用

　　云课堂 APP 无缝对接职教云,是"互联网+"时代的课堂互动教学工具,支持无线投屏、手势签到、随堂测验、课堂提问、讨论答疑、头脑风暴、电子白板、课业分享等,帮助激活课堂,教学相长。

配套资源索引

序号	名称	对应页码	资源类型
28	工件坐标系设定	41	微课
29	数控加工用程序结构	47	微课
30	准备功能指令和辅助功能指令介绍	49	微课
31	常用代码属性及 FST 其他功能指令介绍	51	微课
32	程序输入与编辑	54	微课
33	数控加工仿真软件简介	58	微课
34	仿真加工基本操作	62	微课
35	平面轮廓类	70	三维动画
36	平面刻字加工	71	三维动画
37	G90、G91 指令	78	微课
38	G90、G91 指令	78	动画
39	G01、G00 指令	81	微课
40	G00 指令	81	动画
41	G01 指令	81	动画
42	G02、G03 指令	82	微课
43	G02 指令及 R 正负判断	82	动画
44	G03 指令	82	动画
45	平面刻字加工仿真操作	91	动画
46	内轮廓零件	94	三维动画
47	外轮廓零件	95	三维动画
48	轮廓切入、切出	96	微课
49	铣削外轮廓切入、切出方式	96	动画
50	刀具半径补偿	100	微课
51	G41 指令	100	动画
52	G42 指令	100	动画
53	子程序的调用	102	微课
54	子程序重复调用 1	102	动画
55	子程序重复调用 2	102	动画
56	子程序嵌套调用	102	动画
57	刀具长度补偿	105	微课
58	内轮廓加工仿真操作	114	仿真
59	外轮廓加工仿真操作	114	仿真
60	槽类型腔类零件	118	三维动画
61	坐标旋转指令	119	微课
62	槽类型腔类零件仿真操作	124	仿真

为适应数控技术专业的现代职业教育需要,紧跟信息时代步伐,本教材采用新形态一体化的教学理念,融入视频、动画、仿真等信息手段,完成了立体化教材的设计及开发。

本教材有如下特点:

1. 集工艺、编程、仿真、实训、技能拓展于一体的新形态教材。

2. 体现企业生产中配合的重要性,基于生产过程开发课题,每一个任务和前后的任务均能实现配合,其加工零件甚至可以组装成具有一定运动功能的机构。既让学生对学习产生兴趣,又能让学生明白其加工零件的目的性和关联性。

3. 每个任务都是以图样为导入载体,以任务描述提出学习重点,然后展开相应的工艺、编程等知识的学习,目的性明确,针对性强,让学生有完成该任务需要解决什么问题的整体概念。

4. 不仅注重学生实际操作能力的培养,还十分注重学生学习方法能力和解决问题能力的培养,在评价环节中加入了过程评价,便于学生方法能力的培养和锻炼。

5. 每个任务的关键知识点都有相应的图片、三维动画、仿真程序、教学微视频等海量信息资源供学生学习使用,只需通过扫码即可观看,可以大大提高学习兴趣及学习效率。

本教材由新乡职业技术学院徐凯、乔卫红、李智慧任主编,冯超、张会妨、王同刚、孟令新任副主编,新乡职业技术学院张善晶、宁龙举、刘先生、郝志敏、周欣,沈阳机床股份有限公司刘薇,中航工业新航豫北转向系统(新乡)有限公司刘磊参编。

编者

2020 年 3 月

目录

项目一

数控铣床/加工中心基本操作

本项目学习数控的基础知识,包括数控及数控铣床/加工中心(如图1-0-1所示)的认知、机床面板的熟悉及手动操作、程序的录入、相关基本工艺的学习、编程基础知识的学习、仿真基本加工操作、实操加工的注意事项、安全教育等内容,重在培养认识数控机床、熟悉数控机床,并掌握一定的编程指令及工艺知识。通过数控机床认知、数控铣床/加工中心操作面板认知、数控铣床/加工中心手动操作、数控铣床/加工中心程序输入与编辑、数控仿真加工等5个具体任务的解析与实践,为学习数控铣床/加工中心、独立完成后续综合任务提供必需的理论和实操经验。

图 1-0-1　数控加工中心

任务1　数控机床认知

一、任务描述

数控机床在结构上与普通机床有很大的不同,因此在深入学习数控机床之前,首先需要认识数控机床。本任务是接触数控加工的第一步,主要是对数控机床的认知以及相关工艺知识的基本介绍。通过学习掌握一定的机械加工工艺常识,了解数控基本知识、数控机床的分类,通过现场参观了解数控加工设备及工件的数控加工过程,掌握数控加工工艺的特点、要求和内容,掌握清理及保养数控机床的方法,体验车间的生产氛围,提高学习兴趣。

二、相关知识

1. 数控及数控机床简介

（1）数控与数控机床的概念

1）数字控制:数字控制（numerical control,NC）,是一种借助数字、字符或其他符号对某一工作过程（如加工、测量、装配等）进行可编程控制的自动化方法。

2）数控技术:数控技术（numerical control technology）是指用数字及字符发出指令并实现自动控制的技术,它已经成为制造业实现自动化、柔性化、集成化生产的基础技术。

3）数控系统:数控系统（numerical control system）是指采用数控技术的控制系统。

4）计算机数控系统:计算机数控系统（computer numerical control system）是以计算机为核心的数控系统。

5）数控机床:数控机床（numerical control machine tool）是指采用数控技术对机床的加工过程进行自动控制的机床。

（2）数控机床的发展概况

数控机床的研制始于美国。1952年美国麻省理工学院研制成功第一台三坐标数控铣床。随着电子技术、计算机技术、自动控制技术和精密测量技术的发展,数控机床也在迅速地发展和不断更新换代。

20世纪70年代以前的数控系统,都是采用专用电子电路实现的硬接线数控系统,因此称为硬件式数控系统,也称为NC系统。20世纪70年代中期开始发展起来的采用微处理器及大规模或超大规模集成电路实现的数控系统,它具有很强的控制功能和程序存储功能,这些功能是由控制程序实现的,因此称为软件式数控系统。软件式数控系统也称为计算机数控系统或CNC系统。目前,CNC系统几乎完全取代了以往的NC系统。

（3）数控加工的优点

1）柔性好。所谓的柔性即适应性,是指数控机床随生产对象变化而变化的适应能力。数控机床把加工的要求、步骤与工件尺寸用代码和数字表示为数控程序,通过信息载体将数控程序输入数控装置。经过数控装置中的计算机处理与计算,发出各种控制信号,控制机床的动作,按程序加工出图样要求的工件。在数控机床中使用的是可编程的数字量信号,当被加工工件改变时,只要编写"描写"该工件加工的程序即可。数控机床对加工对象改型的适应性强,这为单件、小批工件加工及试制新产品提供了极大的便利。

2）加工精度高。数控机床有较高的加工精度,而且数控机床的加工精度不受工件形状复杂程度的影响。这对于一些用普通机床难以保证精度甚至无法加工的复杂工件来说是非常重要的。另外,数控加工消除了操作者的人为误差,提高了同批工件加工的一致性,使产品质量稳定。

3）能加工复杂型面。数控加工运动的任意可控性使其能完成普通加工方法难以完成或者无法进行的复杂型面加工。

4）生产效率高。数控机床的加工效率一般比普通机床高2~3倍,尤其在加工复杂工件时,生产率可提高十几倍甚至几十倍。一方面是因为其自动化程度高,具有自动换刀和其他辅助操作等功能,而且工序集中,在一次装夹中能完成较多表面的加工,省去了划线、多次装夹、检测等工序;另一方面在加工中可采用较大的切削用量,有效地减少了加工中的切削工时。

5)劳动条件好。在数控机床上加工工件自动化程度高,大大减轻了操作者的劳动强度,改善了劳动条件。

6)有利于生产管理。用数控机床加工,能准确地计划工件的加工工时,简化检验工作,减轻了工装夹具、半成品的管理工作,减少了因误操作而出现废品及损坏刀具的可能性。这些都有利于管理水平的提高。

7)易于建立计算机通信网络。由于数控机床是使用数字信息,易于与计算机辅助设计和制造(CAD/CAM)系统传输数据,形成计算机辅助设计和制造与数控机床紧密结合的一体化系统。另外,数控机床通过因特网(Internet)、内联网(Intranet)、外联网(Extranet)已可实现远程故障诊断及维修,已初步具备远程控制和调度,进行异地分散网络化生产的可能,从而为今后进一步实现制造过程网络化、智能化提供了必备的基础条件。

(4)数控加工的不足之处

1)数控机床价格较贵,加工成本高,提高了起始阶段的投资。

2)技术复杂,增加了电子设备的维护,维修困难。

3)对工艺和编程要求较高,加工中难以调整,对操作人员的技术水平要求较高。

(5)数控加工的主要应用对象

1)几何形状复杂的工件。特别是形状复杂、加工精度要求高或用数学方法定义的复杂曲线、曲面轮廓,数控机床非常适合加工形状复杂的工件。

2)多品种小批量生产的工件。用通用机床加工时,要求设计制造复杂的专用工装或需很长调整时间,这类工件更适合于数控机床加工。

3)必须严格控制公差的工件。

4)贵重的、不允许报废的关键工件。

2. 数控机床的组成、工作过程及分类

(1)数控机床的组成

数控机床通常由控制介质、操作面板、计算机数控(CNC)装置、伺服驱动系统、辅助控制装置、反馈系统、机床本体等几部分组成,如图 1-1-1 所示。

1)控制介质。人机交互的一种中间媒介,即将工件加工信息传送到数控装置的程序载体,常见的有纸带、磁盘、U 盘、CF 卡等。

2)操作面板。人机交互的平台,可实现操作人员对机床加工过程的干预、控制介质的输入、机床参数的设置、机床运行状态的显示等功能。主要包括 CRT 显示器、键盘等。

3)计算机数控(CNC)装置。数控机床的核心,它由输入装置(如键盘)、控制运算器和输出装置(如显示器)等构成。主要作用是接收控制介质上的数字化信息,经过控制软件或逻辑电路进行编译、运算和逻辑处理后,输出各种信号和指令,控制机床的各个部分,进行规定的、有序的运动。

4)伺服驱动系统。数控机床的执行机构,由驱动和执行两大部分组成。它接收数控装置的指令信息,并按指令信息的要求控制执行部件的进给速度、方向和位移。按照驱动的对象又可分为主轴驱动系统和进给驱动系统两大类。伺服驱动系统每接收一个脉冲信号使机

微课
数控机床
的组成及
分类

动画
CNC 系统
结构

动画
伺服驱动
系统

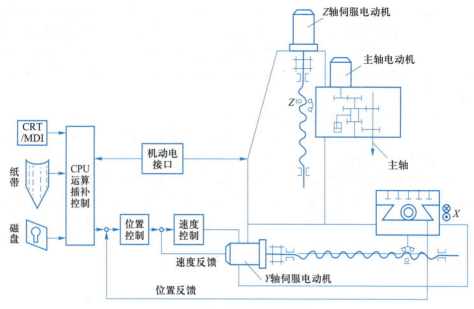

图 1-1-1 数控机床的组成

床移动部件产生的最小位移量叫脉冲当量,是衡量数控机床精度的一个重要指标,常用的脉冲当量为 0.001～0.01 mm。常用的位移执行机构主要有功率步进电动机、直流伺服电动机、交流伺服电动机等。

5)辅助控制装置。介于数控装置和机床机械、液压部件之间的强电控制装置。其作用是接收数控装置输出的主运动变速、刀具选择和交换、辅助动作等指令信息,经过必要的编译、逻辑判断、功率放大后,直接驱动相应的电气、液压和机械部件,以完成各种规定的动作。常用的辅助控制元件主要是可编程控制器(PLC)。

6)反馈系统。主要包括检测装置,检测装置的作用是检测数控机床各个坐标轴的实际位移量,经反馈系统输入到机床的数控装置中。数控装置将反馈回来的实际位移量与设定值进行比较,控制伺服机构按指令设定值运动。常用检测元件有直线光栅、光电编码器、圆光栅、绝对编码尺等。

7)机床本体。数控机床的主体,用于完成各种切削加工的机械部分,包括主运动部件、进给运动执行部件(如工作台、滑板及其传动部件)和床身、立柱、支承部件等。

(2)数控机床的工作过程

采用数控机床加工工件时,只需要将工件图形的工艺参数、加工步骤等以数字信息的形式制作控制介质,即编制程序代码并输入到机床数控装置中,再由其进行运算处理后转成驱动伺服机构和辅助控制装置的指令信号,从而控制机床各部件协调动作,自动加工出工件来。当更换加工对象时,只需要重新编写程序代码,输入给机床,即可由数控装置代替人的大脑和双手的大部分功能,控制加工的全过程,制造出任意复杂的工件。数控机床工作原理如图 1-1-2 所示。

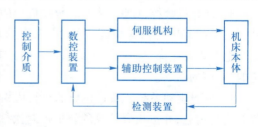

图 1-1-2 数控机床工作原理

（3）数控机床的分类

1）按主轴方向分类。根据机床主轴的方向，数控机床可分成立式机床（主轴位于垂直方向，如图 1-1-3、图 1-1-4 所示分别为立式数控铣床、立式数控钻床）和卧式机床（主轴位于水平方向，如图 1-1-5、图 1-1-6 所示为卧式加工中心、卧式数控车床）。

图 1-1-3　立式数控铣床

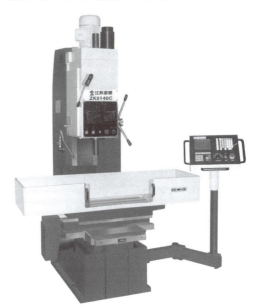
图 1-1-4　立式数控钻床

图 1-1-5　卧式加工中心

图 1-1-6　卧式数控车床

2）按工艺用途分类。

① 金属切削类。这类数控机床包括数控车床、数控铣床、数控镗床、数控磨床、数控钻床、数控拉床、数控刨床、数控切断机床、数控齿轮加工机床以及各类加工中心。加工中心是带有刀库和自动换刀装置的数控机床。它将铣削、镗削、钻削、攻螺纹等功能集中在一台设备上，使其有多种工艺手段。加工中心的刀库可容纳 10～100 多把各种刀具或检具，在加工过程中由程序自动选用和更换。这是它与普通数控机床的主要区别。

② 金属成形类。这类数控机床包括数控板料折弯机、数控直角剪板机、数控冲床、数控弯管机、数控压力机等。这类机床起步较晚，但目前发展较快。

③ 特种加工类。这类数控机床包括数控线（电极）切割机床、数控电火花切割机床、数控电火花成形机床、带有自动换电极的电加工中心、数控激光切割机床、数控激光热处理机床、数控激光板材成形机床、数控等离子切割机床、数控火焰切割机等，常见的特种加工机床如图1-1-7、图1-1-8所示。

图1-1-7　数控线切割机床

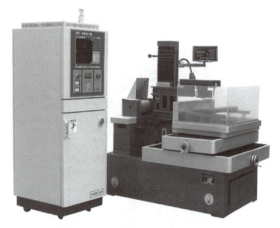

图1-1-8　数控电火花成形机床

3）按控制运动的方式分类。

① 点位控制数控机床。只控制从一点到另一点位置的精确定位，而不控制移动轨迹，在移动和定位过程中不进行任何加工，如图1-1-9所示。常见机床主要有数控钻床、数控坐标镗床、数控冲床、数控点焊机等。

② 直线控制数控机床。机床移动部件不仅要实现由一个位置到另一个位置的精确定位，而且要控制工作台以给定的速度，沿平行坐标轴方向进行直线切削加工运动，如图1-1-10所示。常见机床主要有简易数控车床、数控磨床、数控镗铣床等。

动画
机床控制运动的方式

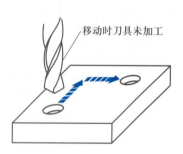

图1-1-9　点位控制机床的加工方式

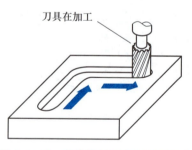

图1-1-10　直线控制机床的加工方式

③ 轮廓控制数控机床。对两个或两个以上坐标轴同时进行控制。它不仅要控制机床移动部件的起点和终点，而且要控制加工过程中每一点的速度、方向和位移量，运动轨迹是任意的直线、圆弧、螺旋线等，如图1-1-11所示。常见机床主要有数控车床、数控铣床、加工中心等。

4）按伺服系统的特点分类。

① 开环控制数控机床。控制系统不带反馈装置。数控装置发出的脉冲指令通过步进

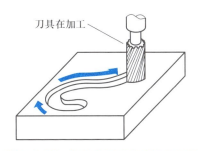

图 1-1-11　轮廓控制机床的加工方式

驱动电路,使步进电动机转过相应的步距角,再经过传动系统带动工作台或刀架移动,如图 1-1-12 所示。

动画
步进
电动机

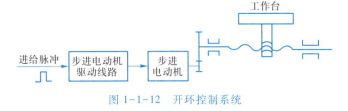

动画
开环控制
系统

图 1-1-12　开环控制系统

② 闭环控制数控机床。在机床移动部件上直接安装直线位移检测装置,将测量的实际位移值反馈到数控装置中,与输入的指令位移值进行比较,用比较的差值对机床进行控制,直至差值消除为止,使移动部件按照实际需要的位移量运动,如图 1-1-13 所示。

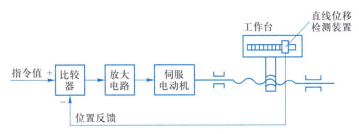

动画
闭环控制
系统

图 1-1-13　闭环控制系统

③ 半闭环控制数控机床。在伺服电动机的轴或数控机床的传动丝杠上装有角度检测装置,通过检测丝杠的转角间接地检测移动部件的实际位移,然后反馈到数控装置中去,与输入的指令位移值进行比较,用比较的差值对机床进行控制,如图 1-1-14 所示。

动画
旋转
变压器

动画
半闭环
控制系统

图 1-1-14　半闭环控制系统

5）按可控制联动的坐标轴分类。坐标联动加工是指数控机床的几个坐标轴能够同时运动,从而获得平面直线、平面圆弧、空间直线和空间螺旋线等复杂加工轨迹的能力。根据可控轴数通常可分为两坐标联动(像数控车床、数控线切割)、两轴半坐标联动(机床本身具有三个移动坐标轴,但能够同时进行联动控制的只是其中两个移动坐标轴,而第三轴只能做等距的周期移动)、三坐标联动(数控铣床、加工中心)、多坐标联动(能同时控制四个以上移动和旋转坐标轴)等,分别如图 1-1-15 所示。

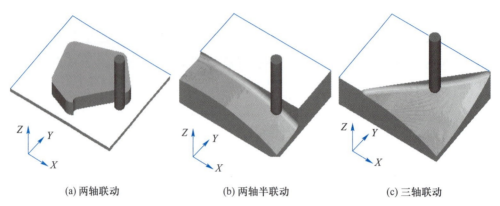

(a) 两轴联动　　　　　　(b) 两轴半联动　　　　　　(c) 三轴联动

图 1-1-15　数控机床按可控联动轴的个数分类

6）按功能档次分类。按控制系统的功能,可把数控机床分为低档(经济型)、中档、高档三类。这种分类方法主要在我国用得较多,但因没有一个确切的定义,所以含义不很明确。

3. 数控加工中心

（1）数控加工中心的组成

数控加工中心与数控铣床的结构基本相同,不同的是加工中心是在数控铣床的基础上增加了刀库和刀具自动交换装置。

加工中心的结构如图 1-1-16 所示(立式加工中心),加工中心由机床本体、数控装置、刀库和换刀装置、辅助装置等部分构成。

微课
数控加工
中心介绍

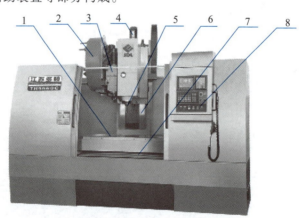

图 1-1-16　加工中心的结构

1—工作台　2—刀库　3—换刀装置　4—伺服电动机

5—主轴　6—导轨　7—床身　8—数控系统

1）机床本体。如图 1-1-17 所示,立式加工中心的机床本体主要由床身与工作台、立柱、主轴等组成。安装时,将立柱固定在水平床身之上,保证安装后的垂直导轨与两水平导轨之间的垂直度等要求;将主轴部件安装在立柱之上,保证主轴与立柱之间的平行度等要求。

(a) 工作台面与导轨　　　　　(b) 主柱　　　　(c) 主轴部件

图 1-1-17　立式加工中心的机床本体

2）数控装置。FANUC 系统的数控装置如图 1-1-18 所示,主要由数控系统、伺服驱动装置和伺服电动机组成。其工作过程为:数控系统发出的信号经伺服驱动装置放大后指挥伺服电动机进行工作。

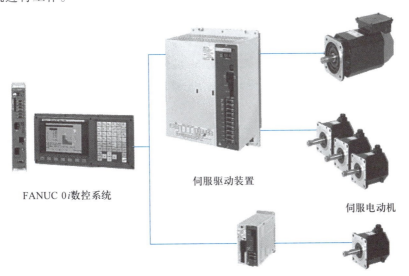

FANUC 0i数控系统　　伺服驱动装置　　伺服电动机

图 1-1-18　FANUC 系统的数控装置

数控系统是数控机床的"大脑",数控机床的所有加工动作均需通过数控系统来指挥。数控系统与伺服电动机之间的连接部分为数控机床的电器部分(一般位于机床的背面,如图 1-1-19 所示),数控系统所有发出的指令均通过电器部分来传递。

3）刀库和换刀装置。刀库的作用是储备一定数量的刀具,通过机械手实现与主轴上刀具的交换。在加工中心上使用的刀库主要有两种,一种是如图 1-1-20 所示的圆盘式刀库,另一种是如图 1-1-21 所示的链式刀库。其中,圆盘式刀库装刀容量相对较小,一般为 1~24 把,主要适用于小型加工中心;链式刀库装刀容量大,一般为 1~100 把,主要适用于大中型加工中心。

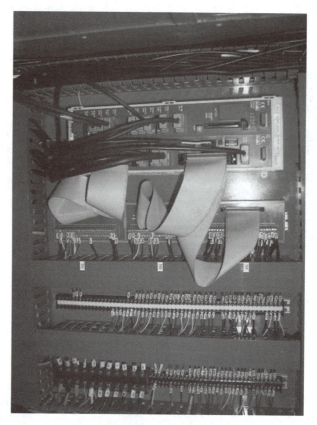

图 1-1-19　电器部分

(a) 卧式圆盘刀库　　　　　　　　　(b) 斗笠式圆盘刀库

图 1-1-20　圆盘式刀库

图 1-1-21　链式刀库

加工中心的换刀方式一般有两种:机械手换刀和主轴换刀(即不带机械手的换刀)。斗笠式圆盘刀库通常采用主轴换刀,而卧式圆盘式刀库和链式刀库一般采用如图 1-1-22 所示的机械手换刀。

图 1-1-22　机械手换刀

4) 辅助装置。加工中心常用的辅助装置有气动装置(如图 1-1-23 所示)、润滑装置(如图 1-1-24 所示)、冷却装置(如图 1-1-25 所示)、排屑装置(如图 1-1-26 所示)和防护装置等。

图 1-1-23　气动装置

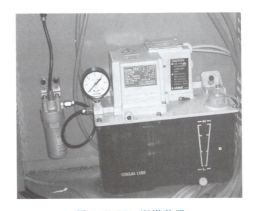

图 1-1-24　润滑装置

图 1-1-25　冷却装置

图 1-1-26　排屑装置

动画
排屑装置

气动装置主要向主轴、刀库、机械手等部件提供高压气体。加工中心的冷却方式分气冷和液冷两种,分别采用高压气体与冷却液进行冷却。

(2) 数控铣床/加工中心的加工对象

根据数控铣床/加工中心的特点,适合数控铣削/加工中心的工件主要有以下几类。

1) 平面类工件。一种是加工面平行或垂直于水平面的工件,另一种是或加工面与水平面的夹角为定角的工件(如图 1-1-27 所示)。这类工件的特点是各个加工面是平面或可以展开成平面。平面类工件是数控铣削加工中最简单的一类工件,一般只需用 3 坐标数控铣床的两坐标联动(即两轴半坐标联动)就可以把它们加工出来。

2)变斜角类工件。加工面与水平面的夹角呈连续变化的工件称为变斜角工件(如图 1-1-28所示)。变斜角类工件的变斜角加工面不能展开为平面,但在加工中,加工面与铣刀圆周的瞬时接触为一条线。最好采用 4 坐标、5 坐标数控铣床摆角加工,若没有上述机床,也可采用 3 坐标数控铣床进行两轴半近似加工。

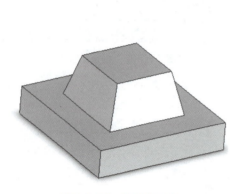

图 1-1-27　平面类工件　　　　　　　　　　图 1-1-28　变斜角类工件

3)曲面类工件。加工面为空间曲面的工件称为曲面类工件(如图 1-1-29 所示)。曲面类工件不能展开为平面。加工时,铣刀与加工面始终为点接触,一般采用球头刀在 3 坐标数控铣床上进行精加工,对于曲率半径变化较大的曲面,则要通过四轴或五轴联动的机床加工。

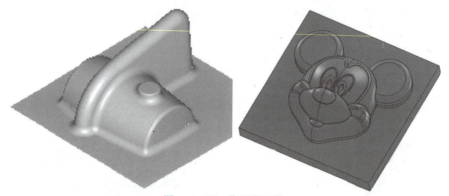

图 1-1-29　曲面类工件

4)既有平面又有孔系的工件。主要是指箱体类工件和盘、套、板类工件。加工这类工件时,最好采用加工中心在一次安装中完成工件上平面的铣削,孔系的钻削、镗削、铰削、铣削及攻螺纹等多工步加工,以保证该类工件各加工表面间的相互位置精度。常见的这类工件有如图 1-1-30a 所示的箱体类工件和图 1-1-30b 所示的盘、套类工件。

5)结构形状复杂、普通机床难加工的工件。结构形状复杂的工件是指其主要表面由复杂曲线、曲面组成的工件。加工这类工件时,通常需采用加工中心进行多坐标联动加工。常见的典型工件有如图 1-1-31a 所示的凸轮类工件、如图 1-1-31b 所示的整体叶轮类工件和如图 1-1-31c 所示的模具类工件。

6)外形不规则的异形工件。异形工件(如图 1-1-32 所示)是指支架、拨叉类外形不规则的工件,大多采用点、线、面多工位混合加工。由于外形不规则,在普通机床上只能采取工序分散的原则加工,使用的工装较多,周期较长。利用加工中心多工位点、线、面混合加工的特点,可以完成大部分甚至全部工序内容。

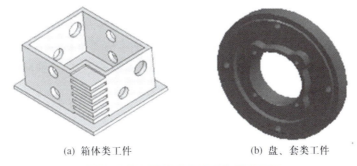

(a) 箱体类工件　　　　　　　　　　(b) 盘、套类工件

图 1-1-30　既有平面又有孔系的工件

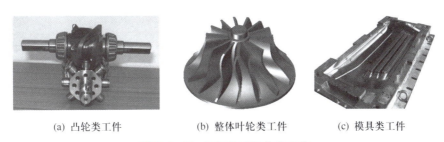

(a) 凸轮类工件　　　　(b) 整体叶轮类工件　　　　(c) 模具类工件

图 1-1-31　结构形状复杂的工件

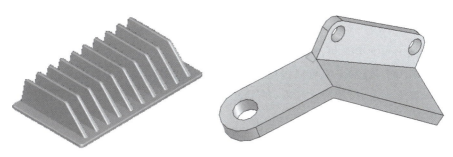

图 1-1-32　异形工件

7) 其他类工件。加工中心除常用于加工以上特征的工件外,还较适宜加工周期性投产的工件、加工精度要求较高的中小批量工件和新产品试制中的工件等。

(3) 加工中心的自动换刀系统

加工中心的自动换刀系统通常分为选刀与换刀两大部分。

1) 刀具选择。按照数控装置的刀具选择指令,从刀库中将所需要的刀具转换到取刀位置,即完成自动选刀。在刀库中选择刀具通常有顺序选刀和任意选刀两种方式。

2) 刀具交换。按照数控装置的换刀指令,将取刀位置已经选好的刀具与主轴上的刀具进行交换,即完成换刀过程。换刀通常可分为有机械手换刀和无机械手换刀两种情况。

3) 自动换刀前的准备动作。在执行换刀指令之前,加工中心通常要做好以下准备动作:

① 主轴回到换刀参考点。加工中心换刀与数控车床换刀不尽相同,数控车床换刀点的设置只需要考虑撞刀和最短空走刀行程即可,而加工中心由于刀库的位置相对固定,因此换刀时必须先让主轴返回固定的换刀参考点后才能执行。通常立式加工中心的换刀参考点在 Z 向机床原点的位置。

② 主轴准停。由于加工中心换刀是自动完成的,而在换刀时刀库、机械手、主轴如何配合实现准确无误的装刀,使每一次换刀时都能够让刀柄上的凹槽对准主轴孔内的凸键,这就需要在换刀前让主轴每次都停在一个固定位置以便于自动装刀,即主轴准停。

③ 切削液关闭。换刀前通常需要关闭切削液。

4. 数控加工工艺

（1）数控加工工艺的特点

由于数控加工采用了计算机控制系统和数控机床,使得数控加工具有加工自动化程度高、精度高、质量稳定、生产效率高、周期短、设备使用费用高等特点。数控加工工艺与普通加工工艺具有一定的差异。

1）数控加工工艺内容要求更加具体、详细。

① 普通加工工艺:许多具体工艺问题,如工步的划分与安排、刀具的几何形状与尺寸、走刀路线、加工余量、切削用量等,在很大程度上由操作人员根据实际经验和习惯自行考虑和决定,一般无须工艺人员在设计工艺规程时进行过多的规定,工件的尺寸精度也可由试切保证。

② 数控加工工艺:所有工艺问题必须事先设计和安排好,并编入加工程序中。数控工艺不仅包括详细的切削加工步骤,还包括工夹具型号、规格、切削用量和其他特殊要求的内容,以及标有数控加工坐标位置的工序图等。在自动编程中更需要确定各种详细的工艺参数。

2）数控加工工艺要求更严密、精确。

① 普通加工工艺:加工时可以根据加工过程中出现的问题比较自由地进行人为调整。

② 数控加工工艺:自适应性较差,加工过程中可能遇到的所有问题必须事先精心考虑,否则导致严重的后果。

如攻螺纹时,数控机床不知道孔中是否已挤满切屑,是否需要退刀清理一下切屑再继续加工。普通机床加工可以多次"试切"来满足工件的精度要求,数控加工过程严格按规定尺寸进给,要求准确无误。因此,数控加工工艺设计要求更加严密、精确。

3）制定数控加工工艺要进行工件图形的数学处理和编程尺寸设定值的计算。编程尺寸并不是工件图上设计尺寸的简单再现,在对工件图进行数学处理和计算时,编程尺寸设定值要根据工件尺寸公差要求和工件的形状几何关系重新调整计算,才能确定合理的编程尺寸。

4）考虑进给速度对工件形状精度的影响。制定数控加工工艺时,选择切削用量要考虑进给速度对加工工件形状精度的影响。在数控加工中,刀具的移动轨迹是由插补运算完成的。根据差补原理分析,在数控系统已定的条件下,进给速度越快,则插补精度越低,导致工件的轮廓形状精度越差。尤其在高精度加工时这种影响非常明显。

5）强调刀具选择的重要性。复杂形面的加工编程通常采用自动编程方式,自动编程中必须先选定刀具再生成刀具中心运动轨迹,因此对于不具有刀具补偿功能的数控机床来说,

若刀具预先选择不当,所编程序只能推倒重来。

6）数控加工程序的编写、校验与修改是数控加工工艺的一项特殊内容。普通工艺中,划分工序、选择设备等重要内容对数控加工工艺来说属于已基本确定的内容,所以制定数控加工工艺的着重点在整个数控加工过程的分析,关键在确定进给路线及生成刀具运动轨迹。复杂表面的刀具运动轨迹生成需借助自动编程软件,这既是编程问题,又是数控加工工艺问题。这也是数控加工工艺与普通加工工艺最大的不同之处。

（2）数控加工工艺的特殊要求

1）由于数控机床比普通机床的刚度高,所配的刀具也较好,因此在同等情况下,数控机床切削用量比普通机床大,加工效率也较高。

2）数控机床的功能复合化程度越来越高,因此现代数控加工工艺的明显特点是工序相对集中,表现为工序数目少,工序内容多,并且由于在数控机床上尽可能安排较复杂的工序,所以数控加工的工序内容比普通机床加工的工序内容复杂。

3）由于数控机床加工的工件比较复杂,因此在确定装夹方式和夹具设计时,要特别注意刀具与夹具、工件的干涉问题。

（3）数控铣削加工工艺包括的主要内容

铣削加工是机械加工中最常用的加工方法之一,它主要包括平面铣削和轮廓铣削,也可以对工件进行钻、扩、铰、镗、锪加工及螺纹加工等。数控加工中进行数控加工工艺设计的主要内容包括如下:

1）选择并确定进行数控加工的内容。

2）对工件图样进行数控加工的工艺分析。

3）工件图形的数学处理及编程尺寸设定值的确定。

4）数控加工工艺方案的制定。

5）工步、进给路线的确定。

6）选择数控机床的类型。

7）刀具、夹具、量具的选择和设计。

8）切削参数的确定。

9）加工程序的编写、校验和修改。

10）首件试加工与现场问题处理。

11）数控加工工艺技术文件的定型与归档。

5. 机床日常保养及维护

（1）日常维护保养

1）检查液压油箱、集中润滑油箱、三联件油杯液位,当液面位于油标 1/2 以下需要加油。

2）检查集中润滑箱是否正常耗油,若两天油位无变化,需报修。三联件油雾器顶油窗在用气时有油珠滴下。

3）检查气液增压器油面,油量不够时添加。

4）检查气源气压是否为 5~6 MPa。

5）检查切削液液位,确认切削液流量是否正常。

6）检查安全防护罩、门是否正常,无松动。

7）注意加工中是否有异响,异常温升。

8）注意是否有漏气、漏油、漏水现象并及时报修。

9）作业结束后,清除台面及三轴防护罩,水箱及滤网,大防护罩内所有切屑,机床外观清洁一次。

10）作业结束后,主轴内孔需擦拭干净。

（2）每周维护保养

1）目视检查 ATC 前后移动是否正常。

2）目视检查刀库回转是否正常。

3）确认主轴锁放刀动作是否正常。

4）清理三联件空气过滤器滤网。

5）检查或清理电控箱风扇滤网。

6）检查机械手油箱液位。

（3）半年维护保养

1）打开三轴防护罩,清理积屑。

2）清理刀库,机械手,主轴上下,电动机,大防护罩内外。

3）清洁三轴导轨刮刷。

4）彻底清洁冷却液箱,清洗滤网。

5）清洁润滑油箱,清理润滑泵滤网。

6）检查丝杠导轨润滑、磨损情况（机修）。

7）检查恒温油箱液位。

（4）年度维护保养

1）更换机械手、第四轴油箱油。

2）点检传动机构、液压系统、气动系统、润滑系统（机修）。

3）清理电控柜,紧固接线端子,清理 NC 风扇（机修）。

4）将保养中已解决与未解决的主要问题记录入档,作为下次保养或安排检修计划的资料。

三、任务实施

1. 现场参观数控加工设备

数控铣床/加工中心实习车间如图 1-1-33 所示。

图 1-1-33 数控铣床/加工中心实习车间

通过现场参观和查阅资料,了解数控铣床/加工中心的主要技术参数。并在指导教师的帮助下完成表1-1-1。

表1-1-1 数控铣床/加工中心的主要技术参数

项目	主要技术参数值	项目	主要技术参数值
机床型号		刀库类型	
数控系统		刀库中刀具数量	
床身结构		工作台面规格	
机床总功率		工作行程	

2. 清理和保养数控机床

清理机床时,首先应着重清理如图1-1-34所示的工作台表面和导轨表面,这些表面的精度及清洁程度将直接影响工件的加工质量。然后再清理机床的防护装置(包括机床外壳和切屑防护装置)。

3. 机床电器部分的维护

在机床开机前,应关紧电器柜柜门,以确保如图1-1-35所示的门开关被按下(门开关关闭时,数控系统电源不能被接通)从而接通机床电源。

清洗如图1-1-36所示的空气过滤器,空气过滤器一般位于电器柜的柜门上。

4. 机床冷却润滑装置的维护

检查润滑油的高度,润滑油的高度应位于如图1-1-37所示高位刻线和低位刻线之间。当润滑油的高度低于低位刻线时应及时加油,否则会缺油报警。

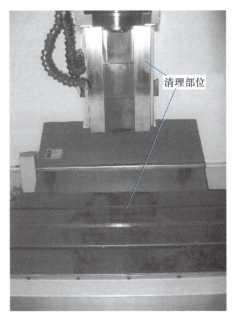

图1-1-34 清理部位

图1-1-35 数控机床门开关

图1-1-36 空气过滤器

机床开机后,检查气压是否正常,听一听机床是否有漏气的部位,检查如图1-1-38所示气枪是否通气顺畅。然后,检查如图1-1-39所示切削液箱(该装置一般位于机床床身底部)中的切削液高度是否合适。

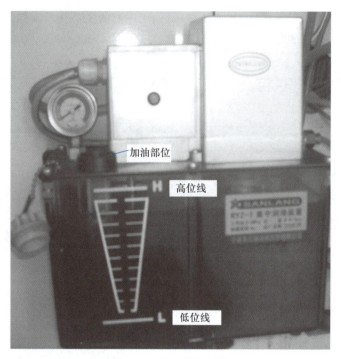

图 1-1-37　油位高度

图 1-1-38　气枪

图 1-1-39　切削液箱

任务 2　数控铣床/加工中心操作面板认知

一、任务描述

要进行数控机床的操作,首先要从操作面板入手。操作面板上有许多按钮,这些按钮具有不同的功能。本任务主要是认识数控铣床/加工中心的操作面板,本任务以 FANUC 0i 系统加工中心操作面板为例进行讲解,如图 1-2-1 所示。通过学习了解数控铣床/加工中心常用的数控系统,了解常用面板按钮的主要用途,掌握数控铣床/加工中心操作面板的开、关电源操作,掌握数控机床的安全操作规程。

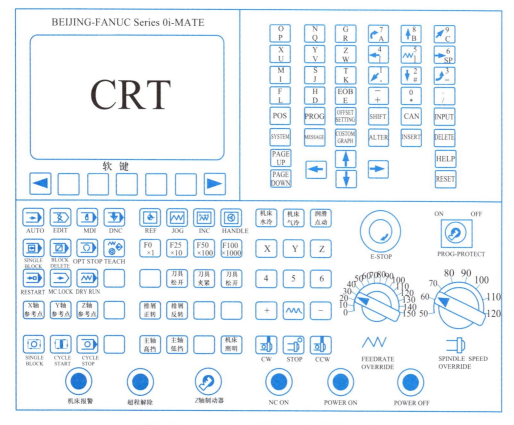

图 1-2-1　FANUC 0i 系统加工中心操作面板图

二、相关知识

1. FANUC 0i 系统加工中心操作面板

数控铣床/加工中心面板按钮分三部分,分别为数控铣床/加工中心控制面板按钮、数控系统 MDI 功能键和 CRT 显示器下方的软键。

工厂提示 ▶▶▶

本书中,机床面板上的控制按钮用带" "的字符表示,如"电源开""JOG"等;MDI 功能按钮用加"□"的字符表示,如 PROG 表示编辑功能按钮;软键功能按钮则用加"[ ]"的字符表示,如"[综合]"用于显示综合坐标。

（1）控制面板按钮

数控铣床/加工中心的控制面板上各按钮的功能以 FANUC 0i 为例,见表 1-2-1。

微课
FANUC 0i
系统面板
认知

表 1-2-1 FANUC 0*i* 机床控制面板按钮介绍

名称	功能键图	功能
机床总电源开关	OFF ON	机床总电源开关一般位于机床的背面,置于"ON"时为主电源开
系统电源开关	电源开 电源关	按下按钮"电源开",向机床润滑、冷却等机械部分及数控系统供电
机床报警与超程解除	机床报警 超程解除	当出现紧急停止时,机床报警指示灯亮 当机床出现超程报警时,按下"超程解除"按钮不要松开,可使超程轴的限位挡块松开,然后用手摇脉冲发生器反向移动该轴,从而解除超程报警
Z轴制动器与 NC ON	Z轴制动器 NC ON	按下"Z轴制动器",则主轴被锁定
		按下"NC ON",使数控系统启动
急停与程序保护	急停 程序保护	当出现紧急情况而按下"急停"按钮时,在屏幕上出现"EMG"字样
		当"程序保护"开关处于"ON"位置时,即使在"EDIT"状态下也不能对 NC 程序进行编辑操作
主轴倍率调整旋钮	SPINDLE SPEED OVERRIDE	在主轴旋转过程中,可以通过"主轴倍率调整"旋钮对主轴转速进行 50%~120% 的无级调速。同样,在程序执行过程中,也可对程序中指定的转速进行调节
进给速度倍率旋钮	FEEDRATE OVERRIDE	进给速度可通过进给速度倍率旋钮进行调节,调节范围为 0%~150%。另外,对于自动执行的程序中指定的速度 F,也可用进给速度倍率旋钮进行调节

续表

名称	功能键图	功能
模式选择按钮	AUTO　EDIT　MDI　DNC REF　JOG　INC　HANDLE	AUTO:自动运行加工操作 EDIT:程序的输入及编辑操作 MDI:手动数据(如参数)输入的操作 DNC:在线加工 REF:回参考点操作 JOG:手动切削进给或手动快速进给 INC:增量进给操作 HANDLE:手摇进给操作
"AUTO"模式下的按钮	SINGLE BLOCK　BLOCK DELETE　OPT STOP　TEACH RESTART　MC LOCK　DRY RUN	SINGLE BLOCK:单段运行。该模式下,每按一次循环启动按钮,机床将执行一段程序后暂停 BLOCK DELETE:程序段跳跃。当该按钮按下时,程序段前加"/"符号的程序段将被跳过执行 OPT STOP:选择停止。该模式下,指令 M01 的功能与指令 M00 的功能相同 TEACH:示教模式 RESTART:程序将重新从程序开始处启动 MC LOCK:机床锁住。用于检查程序编制的正确性,该模式下刀具在自动运行过程中的移动功能将被限制 DRY RUN:空运行。用于检查刀具运行轨迹的正确性,该模式下自动运行过程中的刀具进给始终为快速进给
"JOG"进给及其快速进给	X　Y　Z 4　5　6 +　∧∧　−	要实现手动切削连续进给,首先按下轴选择按钮("X""Y""Z"),再按下方向选择按钮不放("+""−"),该指定轴即沿指定的方向进行进给 要实现手动快速连续进给,首先按下轴选择按钮,再同时按下方向选择按钮和方向选择按钮中间的快速移动按钮,即可实现该轴的自动快速进给
回参考点指示灯	X轴参考点　Y轴参考点　Z轴参考点	当相应轴返回参考点后,对应轴的返回参考点指示灯变亮
增量步长选择	F0 ×1　F25 ×10　F50 ×100　F100 ×1 000	"×1""×10""×100"和"×1000"为增量进给操作模式下的四种不同增量步长,而"F0""F25""F50"和"F100"为四种不同的快速进给倍率
主轴功能	CW　STOP　CCW	CW:主轴正转按钮 CCW:主轴反转按钮 STOP:主轴停转按钮 注:以上按钮仅在"JOG"或"HANDLE"模式有效

名称	功能键图	功能
用户自定义按钮	刀具夹紧 刀具松开 排屑正转 排屑反转 机床水冷 机床气冷 主轴高挡 主轴低挡 润滑点动 机床照明	刀具的松开与夹紧:刀具的松开与夹紧按钮,用于手动换刀过程中的装刀与卸刀 机床排屑:按下此按钮,启动排屑电动机对机床进行自动排屑操作 机床水冷与机床气冷:通过冷却液或冷却气体对主轴及刀具进行冷却。重复按下该按钮,冷却关闭 主轴转速高低挡变换:有些型号的机床,设置了主轴高低挡变换按钮。按下该按钮后,将执行主轴转速高低挡的切换 润滑点动:按下该按钮,将对机床进行点动润滑一次 机床照明:按下此按钮,机床照明灯亮
加工控制	SINGLE BLOCK CYCLE START CYCLE STOP	CYCLE START(循环启动开始):在自动运行状态下,按下该按钮,机床自动运行程序 CYCLE STOP(循环启动停止):在机床循环启动状态下,按下该按钮,程序运行及刀具运动将处于暂停状态,其他功能如主轴转速、冷却等保持不变。再次按下循环启动按钮,机床重新进入自动运行状态 SINGLE BLOCK(单段执行):每按下一次该按钮,机床将执行一段程序后暂停
手摇脉冲发生器	FANUC	手摇脉冲发生器一般挂在机床的一侧,主要用于机床的手摇操作。旋转手摇脉冲发生器时,顺时针方向为刀具正方向进给,逆时针方向为刀具负方向进给

（2）数控系统 MDI 功能键

MDI 是手动数据输入的英文缩写（manual date input,MDI），数控系统的 MDI 按键功能见表 1-2-2。

表 1-2-2 MDI 按键功能

名称	功能键图例	功能
数字键	³= T K	用于数字 1~9 及运算键"+""-""＊""/"等符号的输入
运算键		
字母键	/ EOB E	用于 A、B、C、X、Y、Z、I、J、K 等字母的输入
程序段结束		EOB 用于程序段结束符"＊"或";"的输入

续表

名称	功能键图例	功能
位置显示		POS 用于显示刀具的坐标位置
程序显示	POS　PROG　OFFSET SETTING	PROG 用于显示"EDIT"方式下存储器里的程序；在 MDI 方式下输入及显示 MDI 数据；在 AUTO 方式下显示程序指令值
偏置指令		OFFSET SETTING 用于设定并显示刀具补偿值、工作坐标系、宏程序变量
系统	SYSTEM　MESSAGE　COSTOM GRAPH	SYSTEM 用于参数的设定、显示，自诊断功能数据的显示等
报警信号键		MESSAGE 用于显示 NC 报警信号信息、报警记录等
图形显示		COSTOM GRAPH 用于显示刀具轨迹等图形
上档键		SHIFT 用于输入上档功能键
字符取消键	SHIFT　CAN　INPUT　ALTER　INSERT　DELETE	CAN 用于取消最后一个输入的字符或符号
参数输入键		INPUT 用于参数或补偿值的输入
替代键		ALTER 用于程序编辑过程中程序字的替代
插入键		INSERT 用于程序编辑过程中程序字的插入
删除键		DELETE 用于删除程序字、程序段及整个程序
帮助键		HELP 为帮助功能键
复位键	HELP　PAGE UP　RESET　PAGE DOWN　←　→　↑　↓	RESET 用于使所有操作停止，返回初始状态
向前翻页键		PAGE UP 用于向程序开始的方向翻页
向后翻页键		PAGE DOWN 用于向程序结束的方向翻页
光标移动键		CORSOR 共四个，用于使光标上下或前后移动

（3）CRT 显示器下方的软键

如图 1-2-2 所示，在 CRT 显示器下有一排软按键，这一排软按键的功能根据 CRT 中对应的提示来指定，按下相应的软键，屏幕上即显示相对应的显示画面。

2. 数控铣床/加工中心安全操作规程

数控铣床/加工中心一定要做到规范操作，以避免发生人身、设备、刀具等安全事故。

（1）机床操作前的安全操作

1）零件加工前，可以通过试车的办法来检查机床运行是否正常。

2）在操作机床前，仔细检查输入的数据，以免引起误操作。

现在位置（绝对坐标）　　　　O0030 N0010

　　X 123.456

　　Y 234.567

　　Z 0

RUN TIME 15H15M　SYS TIME10H12M13M

ACTF 1500MM/M　　　　　　S 0T0000

JOG **** EMG

[绝对]　　[相对]　　[综合]　[HAND]　[操作]

图 1-2-2　软按键

3）确保指定的进给速度与操作所要求的进给速度相适应。

4）当使用刀具补偿时,仔细检查补偿方向与补偿量。

5）CNC 与 PMC 参数都是由机床生产厂家设置的,通常不需要修改,如果必须修改参数,在修改前请确保对参数有深入全面的了解。

6）机床通电后,CNC 装置尚未出现位置显示或报警画面前,不要碰 MDI 面板上的任何键,MDI 上的有些键专门用于维护和特殊操作。在开机的同时按下这些键,可能会使机床产生数据丢失等误操作。

（2）关机时的注意事项

1）确认工件已加工完毕。

2）确认机床的全部运动均已完成。

3）检查工作台面是否远离行程开关。

4）检查刀具是否已取下、主轴锥孔内是否已清除并涂上油脂。

5）检查工作台面是否已清洁。

6）关机时要求先关系统电源再关机床电源。

三、任务实施

微课
机床开关
机操作

1. 实习准备

每 4~5 人配备一台数控铣床或加工中心进行数控实习。

2. 机床操作

（1）机床开电源

机床开电源操作流程及开电源后机床屏幕显示画面如图 1-2-3 所示。

1）检查 CNC 和机床外观是否正常。

2）接通机床电气柜电源(开电源流程如图 1-2-3 左图所示),按下"POWER ON"按钮,按下"NC ON"按钮。

3）检查 CRT 画面显示资料。

4）如果 CRT 画面显示"EMG"报警画面,松开急停按钮"E-STOP",再按下 MDI 面板上的复位键（ RESET ）数秒后机床将复位。

5）检查风扇电动机是否旋转。

图 1-2-3　开电源流程与开电源后屏幕显示画面

（2）机床关电源

机床关电源操作流程与图 1-2-3 所示的开电源流程相反,其操作步骤如下:

1）检查操作面板上的循环启动灯是否关闭。

2）检查 CNC 机床的移动部件是否都已经停止。

3）如有外部输入/输出设备接到机床上,先关外部设备的电源。

4）按下急停按钮"E-STOP",再按下"POWER OFF"按钮,关机床电源,切断总电源。

任务 3　数控铣床/加工中心手动操作

一、任务描述

数控铣床/加工中心在对刀、设定工件坐标系和回参考点时需要进行手动操作。本任务要求采用手摇(HANDLE)或手动(JOG)切削方式加工如图 1-3-1 所示工件,工件材料选用 100 mm×80 mm×33 mm 的铝块。通过学习掌握数控铣床/加工中心的对刀操作及设定工件坐标系的方法,手动回参考点操作,手摇进给操作和手动进给操作。

二、相关知识

要实现刀具在数控机床中的移动,首先要明确刀具向哪个方向移动。刀具的移动方向即为数控机床的坐标系方向。因此,数控编程与操作的首要任务就是确定机床的坐标系。

1. 机床坐标系（标准坐标系）

（1）机床坐标系的定义

在数控机床上加工工件,机床动作是由数控系统发出的指令来控制的。为了确定机床

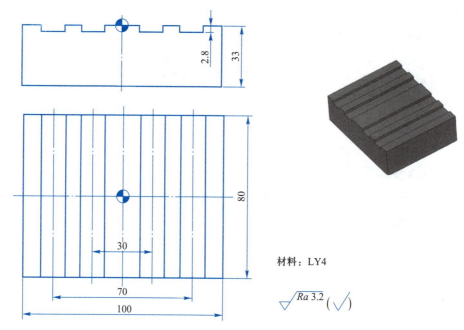

材料：LY4

$\sqrt{Ra\,3.2}$ $(\sqrt{\ })$

技术要求：槽宽为 12 mm，用 φ12 mm 的立铣刀进行加工。

图 1-3-1　手动操作加工实例

的运动方向和移动距离，就要在机床上建立一个坐标系，这个坐标系就叫机床坐标系，也叫标准坐标系。

（2）机床坐标系中的规定

数控铣床的加工动作主要分刀具动作和工件动作两部分。因此，在确定机床坐标系的方向时规定：永远假定刀具相对于静止的工件运动。对于工件运动而不是刀具运动的机床，编程人员在编程过程中也按照刀具相对于工件的运动来进行编程。

对于机床坐标系的方向，均将增大工件和刀具间距离的方向确定为正方向。

数控机床的坐标系采用右手定则的笛卡儿坐标系。如图 1-3-2 所示，左图中大拇指的方向为 X 轴的正方向，食指指向 Y 轴的正方向，中指指向 Z 轴的正方向，而右图则规定了转动轴 A、B、C 轴的转动正方向。

微课
坐标系
讲解

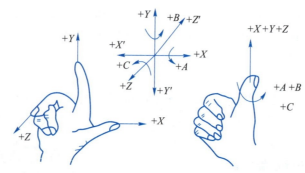

图 1-3-2　右手笛卡儿坐标系统和右手螺旋法则

（3）机床坐标系的确定

首先确定 Z 轴，其次确定 X 轴，最后定 Y 轴。

数控铣床的机床坐标系方向如图 1-3-3 和图 1-3-4 所示，其确定方法如下：

1）Z 坐标轴方向。Z 坐标轴的运动由传递切削力的主轴所决定，不管哪种机床与主轴轴线平行的坐标轴即为 Z 轴。根据坐标系正方向的确定原则，在钻、镗、铣加工中，钻入或镗入工件的方向为 Z 轴的负方向。

2）X 坐标轴方向。X 坐标轴一般为水平方向，它垂直于 Z 轴且平行于工件的装夹面。对于立式铣床，Z 轴方向是垂直的，则为站在工作台前，从刀具主轴向立柱看，水平向右方向为 X 轴的正方向，如图 1-3-3 所示。对于卧式铣床，Z 轴是水平的，则从主轴向工件看（即从机床背面向工件看），向右方向为 X 轴的正方向，如图 1-3-4 所示。

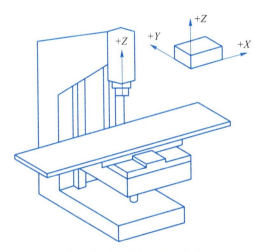

图 1-3-3 　立式升降台铣床

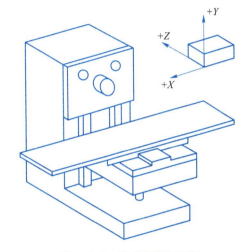

图 1-3-4 　卧式升降台铣床

动画
铣床
坐标系

3）Y 坐标轴方向。Y 坐标轴垂直于 X、Z 坐标轴，根据右手笛卡儿坐标系（如图 1-3-2 所示）来进行判别。由此可见，确定坐标系各坐标轴时，总是先根据主轴来确定 Z 轴，再确定 X 轴，最后确定 Y 轴。

4）旋转轴方向。旋转运动 A、B、C 相对应表示其轴线平行于 X、Y、Z 坐标轴的旋转运动。A、B、C 正方向为 X、Y、Z 坐标轴正方向上按照右旋旋进的方向。

2. 机床原点和机床参考点

（1）机床原点

机床原点（也称为机床零点）是机床上设置的一个固定点，用以确定机床坐标系的原点。它在机床装配、调试时就已设置好，一般情况下不允许用户进行更改。

机床原点又是数控机床进行加工运动的基准参考点，数控铣床的机床原点一般设在刀具远离工件的极限点处，即坐标正方向的极限点处，如图 1-3-5 所示。

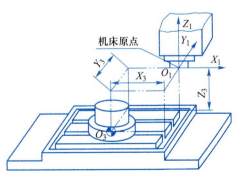

图 1-3-5 　数控铣床的机床原点

（2）机床参考点

对于大多数数控机床,开机第一步总是首先进行返回机床参考点(即所谓的机床回零)操作。开机回参考点的目的就是为了建立机床坐标系,并确定机床坐标系的原点。该坐标系一经建立,只要机床不断电,将永远保持不变,并且不能通过编程对它进行修改。

机床参考点是数控机床上一个特殊位置的点,机床参考点与机床原点的距离由系统参数设定。其值可以是零,如果其值为零则表示机床参考点和机床原点重合;如果其值不为零,则机床开机回零后显示的机床坐标系的值即是系统参数中设定的距离值。

通常在数控铣床上机床原点和机床参考点是重合的。根据需要,一台数控机床上可以设置多个参考点。

3. 工件坐标系(编程坐标系)

（1）工件坐标系的概念

机床坐标系的建立保证了刀具在机床上的正确运动。但是,由于加工程序的编制通常是针对某一工件根据工件图样进行的,为了便于尺寸计算、检查,加工程序的坐标系原点一般都与工件图样的尺寸基准相一致。这种针对某一工件,根据图样建立的坐标系称为工件坐标系(也称编程坐标系)。数控铣床工件坐标系与机床坐标系关系如图1-3-6所示。

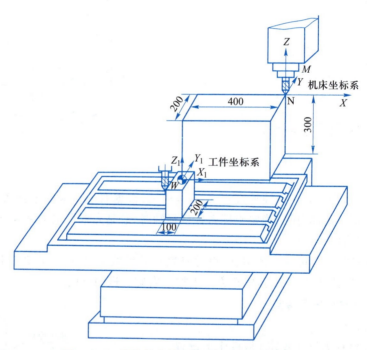

图 1-3-6 数控铣床的工件坐标系与机床坐标系

（2）工件坐标系原点

工件坐标系原点也称编程坐标系原点,该点是指工件装夹完成后,选择工件上的某一点作为编程或工件加工的原点。工件坐标系原点在图中以符号"◉"表示。

（3）工件坐标系原点的选择

工件坐标系原点的选择原则如下:

1）工件坐标系原点应选在工件图的基准尺寸上,以便于坐标值的计算,减少错误。

2）工件坐标系原点应尽量选在精度较高的工件表面,以提高被加工工件的加工精度。

3）Z 轴方向上的工件坐标系原点,一般取在工件的上表面。

4）当工件对称时,一般以工件的对称中心作为 XY 平面的原点,如图 1-3-7a 所示。

5）当工件不对称时,一般取工件其中的一个垂直交角处作为工件原点,如图 1-3-7b 所示。

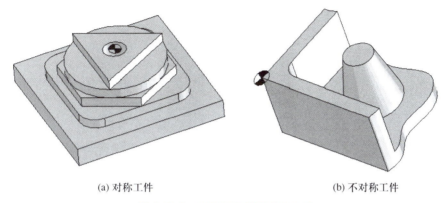

(a) 对称工件   (b) 不对称工件

图 1-3-7   工件坐标系原点的选择

（4）工件坐标系原点设定

工件坐标系原点通常通过零点偏置的方法来进行设定,其设定过程为:选择装夹后工件的编程坐标系原点,找出该点在机床坐标系中的绝对坐标值（如图 1-3-8 所示的 a、b 和 c 值）,将这些值通过机床面板操作输入机床偏置存储器参数（这种参数有 G54～G59 共计 6 个）中,从而将机床坐标系原点偏移至工件坐标系原点。找出工件坐标系在机床坐标系中位置的过程称为对刀。

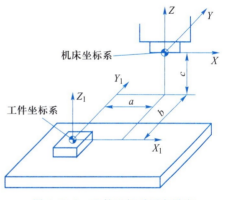

图 1-3-8   工件坐标系原点设定

零点偏置设定的工件坐标系实质就是在编程与加工之前让数控系统知道工件坐标系在机床坐标系中的具体位置。通过这种方法设定的工件坐标系,只要不对其进行修改、删除操作,该工件坐标系将永久保存,即使机床关机,其坐标系也将保留。

4. 对刀

（1）对刀的概念

在加工时,工件在机床加工尺寸范围（行程）内的安装位置是任意的或不确定的。要正确执行加工程序,必须在加工程序执行前,调整每把刀的刀位点,使其尽量重合于某一理想基准点（可能是工件坐标系原点）,从而确定工件（确切地说,应当是工件坐标系原点）在机床坐标系中的位置,这一过程称为对刀。这一基准点称为对刀点。

对刀的目的是通过刀具或对刀工具确定工件坐标系与机床坐标系之间的位置关系,并将对刀数据输入到相应的存储位置,是数控加工中最重要的操作内容,其准确性将直接影响工件的加工精度。

对刀点:数控加工中刀具相对工件运动的起点,程序也从该点开始执行,也称为起刀点或程序起点。

刀位点:刀具的定位基准点,常见刀具的刀位点如图1-3-9所示。

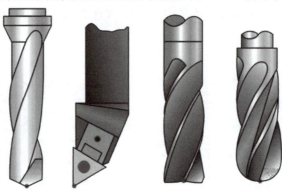

图1-3-9 常见刀具的刀位点

对刀操作分为 X、Y 向对刀和 Z 向对刀。

对刀时可以采用铣刀接触工件或通过塞尺接触工件对刀,但精度较低。实际加工中常用寻边器和 Z 向设定器对刀,效率高,且能保证对刀精度。

(2)常用对刀方法及对刀工具

根据现有设备条件和加工精度要求选择对刀方法,可采用试切法、寻边器对刀、机内对刀仪对刀、自动对刀和机外对刀仪对刀等。其中试切法对刀精度较低,实际加工中常用寻边器和 Z 向设定器对刀,常用工具如图1-3-10~图1-3-12所示。

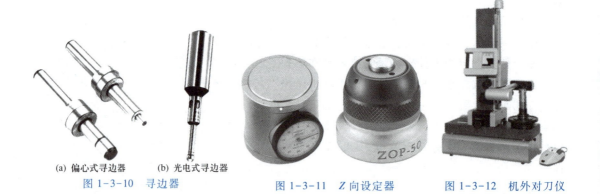

(a)偏心式寻边器　　(b)光电式寻边器
图1-3-10 寻边器　　　　　图1-3-11 Z 向设定器　　　图1-3-12 机外对刀仪

微课
平口钳的安装及校正

5. 铣削加工时工件的常用夹具类型、安装及校正

夹具主要用于工件在机床上的定位和夹紧。

(1)常用夹具类型

夹具的选择要依据具体工件的形状和定位要求确定,常见的夹具主要有以下几类。

1)通用夹具。已经标准化,机床上一般附有通用夹具。通用夹具适应性较强,使用时无须调整,或稍加调整就可以用于多种工件的装夹,如图1-3-13所示。

2)专用夹具。针对某一工件的某道工序专门设计和制造的。利用专用夹具加工工件,

(a) 平口钳

(b) 压板

(c) 三爪自定心卡盘

图 1-3-13　通用夹具

既可保证精度,又可提高生产效率。由于专用夹具费用较高,生产准备周期长,且不能适应产品的变化,因此主要用于产品固定的大批量生产中。

3) 组合夹具。由预先制造好的成套标准元件组装而成的专用夹具。当更换产品时,组合夹具可根据工件的加工要求,重新组装成新的夹具,常见的组合夹具如图 1-3-14、图 1-3-15所示。

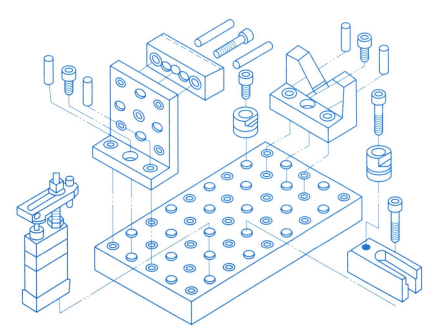

图 1-3-14　孔系组合夹具组装示意图

(2) 对工件装夹的基本要求

1) 工件的装夹基准面应清洁无毛刺,经过热处理的工件,在穿丝孔或凹模类工件扩孔的台阶处要清理热处理液的渣物及氧化膜表面。

2) 夹具精度要高。加工中心工件至少用两个侧面固定在夹具或工作台上。

3) 装夹工件的位置要有利于工件的找正,并能满足加工行程的需要。

4) 装夹工件的作用力要均匀,不得使工件变形或翘起。

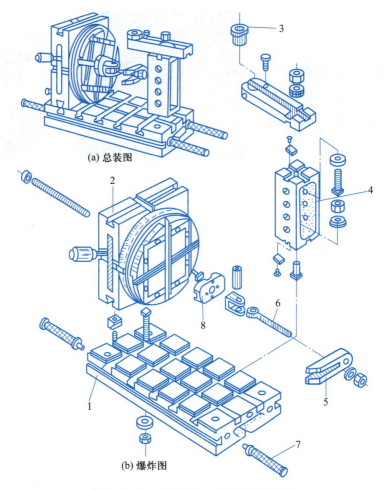

(a) 总装图

(b) 爆炸图

图 1-3-15　槽系组合夹具及组装示意图

1—基础件　2—合件　3—导向件　4—支承件　5—夹紧件　6—紧固件　7—其他件　8—定位件

5）批量工件加工时，最好采用专用夹具，以提高效率。

6）细小、精密、壁薄的工件应固定在辅助工作台或不易变形的辅助夹具上。

（3）工件的装夹方式

1）悬臂支撑方式。悬臂支撑方式通用性强，装夹方便，但工件平面难与工作台面找平，工件受力时位置易变化，因此只在工件加工要求低或悬臂部分小的情况下使用。

2）两端支撑方式。两端支撑方式是将工件两加工中心端固定在夹具上。这种方式装夹方便，支撑稳定，定位精度高，但不适于小工件的装夹。

3）桥式支撑方式。是在两端支撑的夹具上，再架上两块支撑垫铁。此方式通用性强，装夹方便，大、中、小型工件都适用。

4）板式支撑方式。板式支撑方式是根据常规工件的形状，制成具有矩形或圆形孔的支撑板夹具。此方式装夹精度高，适用于常规与批量生产。同时，也可增加纵、横方向的定位基准。

5）复式支撑方式。在通用夹具上装夹专用夹具，便成为复式支撑方式。此方式对于批量加工尤为方便,可大大缩短装夹和校正时间,提高效率。

6) 磁性夹具。采用磁性工作台或磁性表座夹持工件,不需要压板和螺钉,操作快速方便,定位后不会因压紧而变动。

要注意保护上述两类夹具的基准加工中心面,避免工件将其划伤或拉毛。压板夹具应定期修磨基准面,保持两件夹具的等高性。因有时绝缘体受损造成绝缘电阻减小,影响正常的切割,故夹具的绝缘性也应经常检查和测试。

（4）工件位置的校正方法

1) 拉表法。利用磁力表架将百分表固定在主轴上,百分表头与工件基面接触,往复移动工作台,按百分表指示数值调整工件,校正应在三个方向上进行。

2) 划线法。工件加工图形与定位基准相互位置要求不高时,可采用划线法。固定在丝架上的一个带有顶丝的工件将划针固定,划针尖指向工件图形的基准线或基准面,移动纵(或横)向坐标轴,目测调整工件进行找正,该方法也可以在粗糙度较差的基面校正时使用。

6. 数控铣削加工常用刀具介绍

（1）数控刀具的种类

1) 按刀具结构分类。分为整体式、镶嵌式和特殊形式。

2) 按刀具材料分类。分为高速钢刀具、硬质合金刀具、金刚石刀具和其他材料刀具(如立方氮化硼刀具、陶瓷刀具)等。目前数控机床用得最多最普遍的是高速钢刀具和硬质合金刀具。

3) 按切削工艺分类。分为车削刀具、铣削刀具、钻削刀具、镗削刀具等。其中铣削刀具主要有圆柱铣刀、立铣刀、硬质合金面铣刀、键槽铣刀、三面刃铣刀、锯片铣刀、角度成形铣刀和球头铣刀等,如图 1-3-16 所示。

（2）数控刀具的特点

为适应数控加工精度高、效率高、工序集中及工件装夹次数少等要求,数控刀具与普通机床上所用的刀具相比,主要有以下特点:

1) 高的切削效率。

2) 刀具精度高,精度稳定。

3) 刚性好,抗振及热变形小。

4) 耐用度好,切削性能稳定、可靠。

5) 刀具的尺寸调整方便,换刀调整时间短。

6) 系列化,标准化。

微课

数控铣削
加工常用
刀具介绍

（3）数控刀具的选择

刀具的选择应考虑工件材质、加工轮廓类型、机床允许的切削用量和刚性以及刀具耐用度等因素。分别对刀具材料、类型及参数做出合理选择。

1) 刀具材料的选择。一般情况下应优先选用标准刀具(特别是硬质合金可转位刀具),必要时可采用各种高生产率的复合刀具及其他一些专用刀具。对于硬度大的难加工工件,可选用整体硬质合金、陶瓷刀具、涂层刀具等。

2) 刀具类型的选择。铣刀类型应与工件表面形状与尺寸相适应。加工较大的平面应选择面铣刀;加工凹槽、较小的台阶面及平面轮廓应选择立铣刀;加工空间曲面、模具型腔或

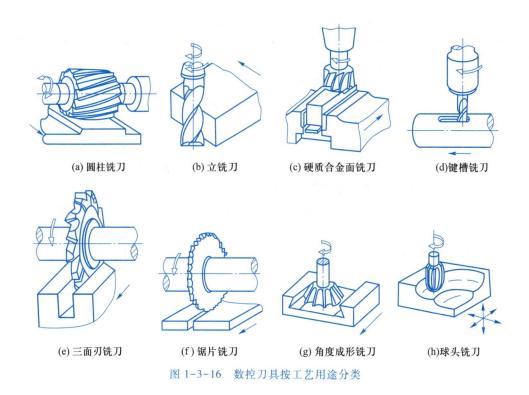

| (a) 圆柱铣刀 | (b) 立铣刀 | (c) 硬质合金面铣刀 | (d) 键槽铣刀 |

| (e) 三面刃铣刀 | (f) 锯片铣刀 | (g) 角度成形铣刀 | (h) 球头铣刀 |

图 1-3-16 数控刀具按工艺用途分类

凸模成形表面等多选用模具铣刀;加工封闭的键槽选择键槽铣刀;加工变斜角面应选用鼓形铣刀;加工各种直的或圆弧形的凹槽、斜角面、特殊孔等应选用成形铣刀。

7. 铣削用量的确定

(1) 常用铣削用量

铣削加工的切削用量包括切削速度、进给速度、背吃刀量和侧吃刀量。从刀具耐用度出发,切削用量的选择方法是先选择背吃刀量或侧吃刀量,其次选择进给速度,最后确定切削速度。

1) 背吃刀量 a_p 或侧吃刀量 a_e。背吃刀量 a_p 为平行于铣刀轴线测量的切削层尺寸,单位为 mm。端铣时,a_p 为切削层深度;而圆周铣削时,为被加工表面的宽度。侧吃刀量 a_e 为垂直于铣刀轴线测量的切削层尺寸,单位为 mm。端铣时,a_e 为被加工表面宽度;而圆周铣削时,a_e 为切削层深度,如图 1-3-17 所示。

背吃刀量或侧吃刀量的选取主要由加工余量和对表面质量的要求决定。背吃刀量主要受机床刚度的限制,在机床刚度允许的情况下,尽可能使背吃刀量等于工序的加工余量。对于表面粗糙度和精度要求较高的工件,要留有足够的精加工余量,数控加工的精加工余量可比通用机床加工的余量小一些。

当工件表面粗糙度值要求为 $Ra = 12.5 \sim 25\ \mu m$ 时,如果圆周铣削加工余量小于 5 mm,端面铣削加工余量小于 6 mm,粗铣一次进给就可以达到要求。但是在余量较大,工艺系统刚性较差或机床动力不足时,可分为两次进给完成。

当工件表面粗糙度值要求为 $Ra = 3.2 \sim 12.5\ \mu m$ 时,应分为粗铣和半精铣两步进行。粗铣时背吃刀量或侧吃刀量选取同前。粗铣后留 0.5 ~ 1 mm 余量,在半精铣时切除。

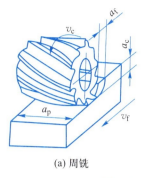

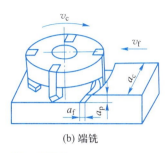

(a) 周铣　　　　　　　　　　　　　　　(b) 端铣

图 1-3-17　铣削加工的切削用量

当工件表面粗糙度值要求为 $Ra=0.8\sim3.2\ \mu m$ 时,应分为粗铣、半精铣、精铣三步进行。半精铣时背吃刀量或侧吃刀量取 $1.5\sim2\ mm$;精铣时,圆周铣侧吃刀量取 $0.3\sim0.5\ mm$,面铣刀背吃刀量取 $0.5\sim1\ mm$。

2) 进给量 f 与进给速度 v_f。切削加工的进给量 $f(mm/r)$ 是指刀具转一周,工件与刀具沿进给运动方向的相对位移量;进给速度 $v_f(mm/min)$ 是单位时间内工件与铣刀沿进给方向的相对位移量。进给速度与进给量的关系为 $v_f=nf$(n 为铣刀转速,单位为 r/min)。进给量与进给速度是数控铣床加工切削用量中的重要参数,根据工件的表面粗糙度、加工精度要求、刀具及工件材料等因素,参考切削用量手册选取或通过选取每齿进给量 f_z,再根据公式 $f=zf_z$(z 为铣刀齿数)计算。

每齿进给量 f_z 的选取主要依据工件材料的力学性能、刀具材料、工件表面粗糙度等因素。工件材料强度和硬度越高,f_z 越小;反之则越大。硬质合金铣刀的每齿进给量高于同类高速钢铣刀。工件表面粗糙度要求越高,f_z 就越小。不同工件材料铣削的每齿进给量见表 1-3-1。

表 1-3-1　不同工件材料铣削的每齿进给量

工件材料	硬度/HBW	硬质合金/mm		高速钢/mm			
		面铣刀	三面刃铣刀	圆柱铣刀	立铣刀	面铣刀	三面刃铣刀
低碳钢	≈150	0.2~0.4	0.15~0.3	0.12~0.2	0.04~0.2	0.15~0.3	0.12~0.2
	150~200	0.2~0.35	0.12~0.2	0.12~0.2	0.03~0.2	0.15~0.3	0.1~0.15
中高碳钢	120~180	0.15~0.5	0.15~0.3	0.12~0.2	0.05~0.2	0.15~0.3	0.12~0.2
	180~220	0.15~0.4	0.12~0.3	0.12~0.2	0.04~0.2	0.15~0.2	0.07~0.2
	220~300	0.12~0.2	0.07~0.2	0.07~0.1	0.03~0.1	0.1~0.20	0.05~0.1
灰铸铁	150~180	0.2~0.5	0.12~0.3	0.2~0.30	0.07~0.2	0.2~0.35	0.15~0.3
	180~220	0.2~0.4	0.12~0.3	0.15~0.3	0.05~0.2	0.15~0.3	0.12~0.2
	220~300	0.15~0.3	0.10~0.2	0.1~0.20	0.03~0.1	0.1~0.15	0.07~0.1
可锻铸铁	110~160	0.2~0.5	0.10~0.3	0.2~0.35	0.08~0.2	0.2~0.40	0.15~0.3
	160~200	0.2~0.4	0.1~0.25	0.2~0.3	0.07~0.2	0.2~0.35	0.15~0.2
	200~240	0.15~0.3	0.1~0.2	0.12~0.2	0.05~0.1	0.15~0.3	0.1~0.2
	240~280	0.1~0.3	0.10~0.2	0.10~0.2	0.02~0.1	0.10~0.2	0.07~0.1

3) 切削速度 v_c。切削刃选定点相对于工件主运动的瞬时速度称为切削速度。单位为 m/min。

$$v_c = \pi dn/1\,000$$

式中 d——刀具直径,mm;

n——主轴转速,r/min。

铣削的切削速度 v_c 与刀具的耐用度、每齿进给量、背吃刀量、侧吃刀量以及铣刀齿数成反比,而与铣刀直径成正比。其原因是当 f_z、a_p、a_e 和 z 增大时,刀刃负荷增加,而且同时工作的齿数也增多,使切削热增加,刀具磨损加快,从而限制了切削速度的提高。为提高刀具耐用度允许使用较低的切削速度。但是加大铣刀直径则可改善散热条件,可以提高切削速度,铣削时常用工件材料的切削速度见表1-3-2。

表1-3-2 铣削时常用工件材料的切削速度

工件材料	硬度/HBW	切削速度/(m/min)	
		硬质合金铣刀	高速钢铣刀
低、中碳钢	<220	60~150	20~40
	225~290	55~115	15~35
	300~425	35~75	10~15
高碳钢	<220	60~130	20~35
	225~325	50~105	15~25
	325~375	35~50	10~12
	375~425	35~45	5~10
合金钢	<220	55~120	15~35
	225~325	35~80	10~25
	325~425	30~60	5~10
工具钢	200~250	45~80	12~25
灰铸铁	100~140	110~115	25~35
	150~225	60~110	15~20
	230~290	45~90	10~18
	300~320	20~30	5~10
可锻铸铁	110~160	100~200	40~50
	160~200	80~120	25~35
	200~240	70~110	15~25
	240~280	40~60	10~20
铝镁合金	95~100	360~600	180~600

(2)铣削用量的确定原则

编程人员在确定每道工序的切削用量时,应根据刀具的耐用度和机床说明书中的规定去选择。在选择切削用量时要充分保证刀具能加工完一个工件,或保证刀具耐用度不低于一个工作班次,最少不低于半个工作班次的工作时间。

粗加工时,a_p、f 尽量大,然后选择最佳的切削速度 v_c。

精加工时,首先选择合适的 a_p,较小的 f,较高的 v_c。

进给量选择时,粗加工要根据实际情况选取,如振动、噪声等;精加工要根据表面粗糙度等选取。

8. 数控铣床加工中心操作过程中的安全操作规程

1）手动操作。当手动操作机床时,要确定刀具和工件的当前位置并保证正确指定了运动轴及方向和进给速度。

2）手动返回参考点。机床通电后,请务必先执行手动返回参考点。如果机床没有执行手动返回参考点操作,机床的运动不可预料。

3）手轮进给。在手轮进给时,一定要选择正确的手轮进给倍率,过大的手轮进给倍率容易产生刀具或机床的损坏。

4）工件坐标系。手动干预、机床锁住都可能移动工件坐标系,用程序控制机床前,请先确认工件坐标系。

5）空运行。通常,使用机床空运行来确认机床运行的正确性。在空运行期间,机床以空运行的进给速度运行,这与程序输入的进给速度不一样,且空运行的进给速度要比编程用的进给速度快得多。

三、任务实施

1. 工艺分析

1）加工准备。本任务选用的机床为 FANUC 0i 系统的 XK7650 型数控铣床,毛坯材料为 100 mm×80 mm×33 mm 的铝块。手动操作加工中使用的工具、量具、刀具清单见表1-3-3。

表1-3-3　手动操作加工中使用的工具、量具、刀具清单

序号	名称	规格	数量	备注
1	游标卡尺	0~150 mm,0.02 mm	1	
2	千分尺	0~25 mm,25~50 mm,50~75 mm,0.01 mm	各1	
3	百分表	0~10 mm,0.01 mm	1	
4	磁性表座		1	
5	立铣刀	ϕ10 mm,ϕ12 mm	1	选用
6	键槽铣刀	ϕ10 mm,ϕ12 mm	各1	选用
7	平口钳	200 mm	各1	
8	辅具	垫铁、活扳手、压板、螺钉等	各1	
9	其他	铜棒、铜皮、毛刷等常用工具		选用
		计算机、计算器、编程用书等		

2）加工要求。本任务的工时定额为2 h,加工完成后要求各加工面尺寸精度和表面质量符合图样要求,同时要求加工过程符合安全文明生产要求。

3）选择刀具。加工本任务工件时,既可选用 ϕ12 mm 的立铣刀(高速钢材料)进行加工,也可选用 ϕ12 mm 的键槽铣刀进行加工。

4）选择切削用量。加工本任务工件时,选择切削速度为600 r/min,手摇或JOG进给速度控制在50~150 mm/min,背吃刀量等于总切深量2.8 mm。

2. 手动切削前的准备工作

（1）返回参考点操作

机床手动返回参考点操作流程及返回参考点后的屏幕显示画面如图 1-3-18 所示。

微课

数控铣床的手动操作

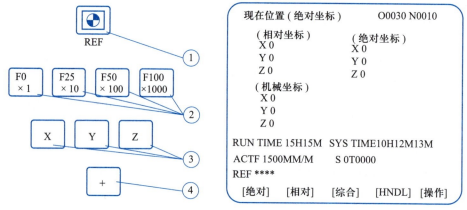

图 1-3-18　机床返回参考点流程及屏幕显示画面

1）模式按钮选择如图 1-3-18①所示的"REF"。

2）选择快速移动倍率如图 1-3-18②所示（"F0""F25""F50""F100"）的四档倍率按钮。

3）分别选择如图 1-3-18③所示回参考点的轴（"Z""X"或"Y"）。

4）按下如图 1-3-18④所示轴的"+"方向选择按钮不松开，直到相应轴的返回参考点指示灯亮。

工厂提示 ▶▶▶

　　虽然数控铣床可以三个轴同时回参考点，但为了确保回参考点过程中刀具与机床的安全，数控铣床回参考点的过程一般先进行 Z 轴的回参考点，再进行 X 及 Y 轴的回参考点。

　　FANUC 系统加工中心的回参考点为按"+"方向键回参考点，如按"−"方向键，则机床不动作。机床回参考点时，刀具离参考点不能太近，否则回参考点过程中会出现超程报警。

（2）在 MDI 方式下设定转速

1）模式按钮选"MDI"，按下 MDI 功能按钮 PROG 。

2）在 MDI 面板上输入 S600 M03（含义后叙），按下按钮 EOB ，再按下按钮 INSERT 。

3）按下循环启动按钮"CYCLE START"。要使主轴停转，可按下按钮"RESET"。

通过以上操作后，在手摇"HANDLE"和手动"JOG"模式下，即可按下按钮"CW"使主轴正转。

（3）手轮进给操作

手摇进给操作的流程和手摇操作后的坐标显示画面如图 1-3-19 所示，该显示画面中有三个坐标系，分别是机械坐标系（即机床坐标系）、绝对坐标系（显示刀具在工件坐标系中的绝对值）和相对坐标系。

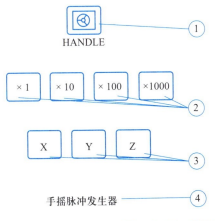

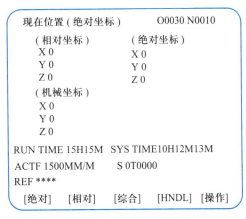

图 1-3-19   手摇进给操作流程及坐标显示画面

1）模式按钮选择如图 1-3-19①所示的"HANDLE"按钮，按下 MDI 功能按钮 POS 键。

2）如图 1-3-39②所示选择需要的增量步长按钮。

3）如图 1-3-39③所示选择刀具要移动的相应轴控制按钮。

4）如图 1-3-39④所示旋转手摇脉冲发生器向相应的方向移动刀具。

（4）手动连续进给与手动快速进给

手动连续进给主要用于手动切削加工，而手动快速进给主要用于刀具快速定位，两种进给操作的操作流程如图 1-3-20 所示。

1）模式按钮选择如图 1-3-20①所示的"JOG"按钮，按下 MDI 功能按钮 POS 键。

2）如图 1-3-20②所示调节进给速度倍率旋钮，选择合适的进给速度倍率。

3）如图 1-3-20③所示选择需要手动进给的轴。

4）如图 1-3-20④所示按下进给方向键不松开即可使刀具沿所选轴方向连续进给。

如果要进行快速手动进给，只需在手动进给前按下位于方向选择按钮中间的快速按钮即可。

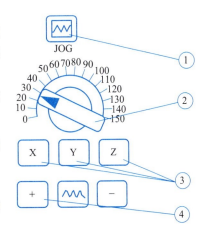

图 1-3-20   手动进给操作流程

工厂提示

手动进给操作过程中，旋转进给倍率修调旋钮可实现手动进给快慢的修调。另外，手动进给操作时，进给方向一定不能搞错，这是数控机床操作的基本功。

（5）超程解除

在手摇或手动进给过程中，由于进给方向错误，常会发生超行程报警现象，解除过程如下。

1）模式按钮选择"HANDLE"。

2）按下"超程解除"按钮（如图 1-3-21 所示）不要松开，同时按下 MDI 功能键 RESET，消除报警画面。

3）仍不松开"超程解除"按钮，向超程的反方向进给刀具，退出超行程位置，机床即可恢复正常。

超程解除

图 1-3-21 超程
解除按钮

（6）刀具系统的安装

1）刀具与刀柄的组装。首先将刀柄与拉钉组装，如图 1-3-22、图 1-3-23 所示。通过卸刀座（如图 1-3-24 所示）与活板配合将拉钉拧入刀柄尾部的螺纹孔中。

图 1-3-22 BT40 刀柄　　　　图 1-3-23 拉钉　　　　图 1-3-24 锁刀器、刀柄、月牙扳手

然后将刀卡（如图 1-3-25 所示）装入刀柄的锁紧螺母中，将刀具插入刀卡中并留出合适的长度，既要满足加工需要，也要注意刀具有足够的刚性。最后通过月牙扳手与锁刀器的配合，将刀柄锁紧螺母与刀柄端部螺纹旋合，并通过刀柄与刀卡自身的锥度配合，将刀具牢牢夹紧。

2）刀柄与主轴的安装。首先左手握住刀柄下方（如图 1-3-26 所示），右手按下机床上的装刀气动按钮，让主轴中的抓刀卡簧张开。然后将刀柄中的键槽位置对准主轴上的凸键位置，左手将刀柄送入主轴。同时松开右手按下的装刀气动按钮，让主轴内部的锁刀卡簧向上提起刀柄的拉钉。最后左手转动刀柄并观察刀柄旋转正常后松开左手，此时装刀成功。

气动按钮

手握位置

图 1-3-25 刀卡　　　　　　图 1-3-26 气动按钮及手握位置

注意卸刀的过程与上述过程相反，当按下气动按钮时，刀柄被气缸压下，由于刀具具有

自重并且气流压力会加速刀具向下的运动,因此一定要抓牢刀具。同时注意手动卸刀时,应使主轴箱上升到足够的高度,以免刀具与工件或工作台发生碰撞。

(7)试切削对刀与设定工件坐标系

1)XY平面的对刀操作。

① 模式按钮选"HANDLE",主轴上安装好找正器。

② 按下主轴正转按钮"CW",主轴将以前面设定的转速正转。

③ 按下 POS 键,再按下软键[综合],此时,机床屏幕出现如图1-3-27a所示的画面。

④ 选择相应的轴选择旋钮,摇动手摇脉冲发生器,使其接近X轴方向的一条侧边(如图1-3-27b所示),降低手动进给倍率,使找正器慢慢接近工件侧边,正确找正侧边A点处。记录屏幕显示画面中机械坐标系的X值,设为X_1(假设$X_1 = -234.567$)。

⑤ 用同样的方法找正侧边B点处,记录下尺寸X_2值(假设$X_2 = -154.789$)。

⑥ 计算出工件坐标系原点的X值,$X = (X_1 + X_2)/2$。

⑦ 重复步骤④、⑤、⑥,用同样方法测量并计算出工件坐标系原点的Y值。

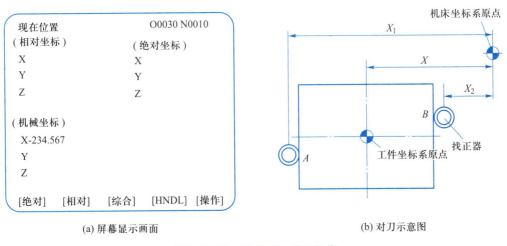

(a)屏幕显示画面　　　　　　　　　　　(b)对刀示意图

图1-3-27　XY平面的对刀操作

2)Z轴方向的对刀操作。

① 将主轴停转,手动换上切削用刀具。

② 在工件上方放置一个$\phi10$ mm的测量用心棒(或量块),在"HANDLE"模式下选择相应的轴选择旋钮,摇动手摇脉冲发生器,使其在Z轴方向接近心棒(如图1-3-28所示),降低手动进给倍率,使刀具与心棒微微接触。记录下屏幕显示画面中机床坐标系的Z值,设为Z_1(假设$Z_1 = -61.123$)。

③ 计算出工件坐标系的Z值,$Z = Z_1 - 10.0$(心棒直径)。

④ 如果是加工中心,同时使用多把刀具进行加工,则可重复以上步骤,分别测出各自不同的Z值。

3)工件坐标系的设定。将工件坐标系设定在G54参数中,其设定过程如下:

① 按下 MDI 功能键 OFFSET SETTING 。

② 按下屏幕下的软键[WORK],出现如图1-3-29所示显示画面。

现在位置
O0030 N0010
（相对坐标）
X
Y
Z
（绝对坐标）
X
Y
Z
（机械坐标）
X−214.567
Y−140.456
Z−61.123
[绝对]　[相对]　[综合]　[HNDL]　[操作]
机床坐标系原点
刀具
测量心棒
Z_1
Z
工件坐标系原点
工作台

(a) 屏幕显示画图　　(b) 对刀示意图

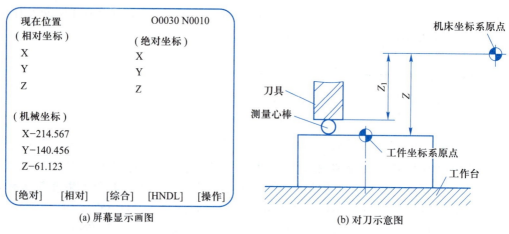

图 1-3-28　*Z* 轴方向的对刀操作

③ 向下移动光标，到 G54 坐标系 *X* 处，输入前面计算出的 *X* 值，注意不要输地址 *X*，按下 INPUT 键。

④ 将光标移到 G54 坐标系 *Y* 处，输入前面计算出的 *Y* 值，按下 INPUT 键。

⑤ 用同样的方法，将计算出的 *Z* 值输入 G54 坐标系。

注意：记录坐标值时，请务必记录屏幕显示中的机械坐标值。工件坐标系设定完成后，再次手动返回参考点，进入坐标系［综合］显示画面，看一看各坐标系的坐标值与设定前有何区别。

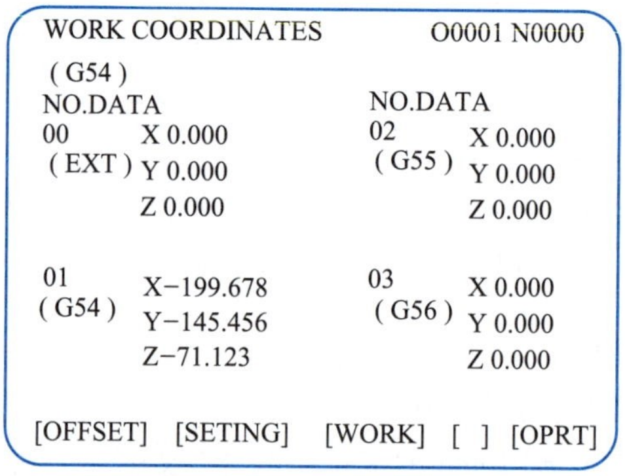

WORK COORDINATES
O0001 N0000
（G54）
NO.DATA
00
（EXT）
X 0.000
Y 0.000
Z 0.000
01
（G54）
X−199.678
Y−145.456
Z−71.123
NO.DATA
02
（G55）
X 0.000
Y 0.000
Z 0.000
03
（G56）
X 0.000
Y 0.000
Z 0.000
[OFFSET]　[SETING]　[WORK]　[ ]　[OPRT]

图 1-3-29　工件坐标系的设定显示画面

3. 手动切削操作

（1）确定手动切削轨迹的坐标点

在 *XY* 平面内，刀具中心的切削轨迹如图 1-3-30 中的点 *A*～*H* 所示。为使刀具在 *XY* 平面内正确移动，操作前必须首先确定点 *A*～*H* 在工件坐标系中的坐标值。

为了避免刀具快速落刀与抬刀过程中与工件发生碰撞，在 *XY* 平面内刀具切削进给的开始点（如图 1-3-30 中的 *A* 点所示）与结束点（如图 1-3-30 中的 *H* 点所示）要离开工件侧面大于一个半径的距离。

根据该工件的工件坐标系位置，计算出点 *A*～*H* 在 *XY* 平面内的坐标值，见表 1-3-4。

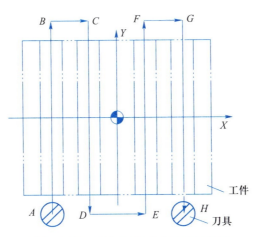

图 1-3-30　刀具在 *XY* 平面内的轨迹图

表 1-3-4　手动切槽 *XY* 平面内的轨迹坐标

坐标点名称	*X*、*Y* 坐标值	
A	-35.0	-50.0
B	-35.0	50.0
C	-15.0	50.0
D	-15.0	-50.0
E	15.0	-50.0
F	15.0	50.0
G	35.0	50.0
H	35.0	-50.0

（2）工件切削加工

进行工件切削进给的操作步骤如下。

1）模式按钮选"MDI"，按下 MDI 功能按钮 $\boxed{\text{PROG}}$。

2）在 MDI 面板上输入"S600 M03 G54"，按下按钮 $\boxed{\text{EOB}}$，再按下按钮 $\boxed{\text{INSERT}}$。

3）按下循环启动按钮"CYCLE START"。

4）模式按钮转换至"HANDLE"，按 MDI 功能键 $\boxed{\text{POS}}$，并按屏幕下方的软键［综合］，屏幕显示三种坐标系。

5）选择增量步长按钮"×100"，根据刀具当前位置和屏幕上显示的绝对坐标系值，手摇脉冲发生器，在 *XY* 平面移动刀具到 *A* 点处（当靠近该点时，应选择较小的增量步长），使屏幕中显示的绝对坐标值为：X-35.0，Y-50.0。

6）选择手摇进给轴"Z"，仅在-Z 轴方向移动刀具，使刀具下降绝对坐标到 Z-2.8 处。

7）选择手摇进给轴"Y"，在+X 轴方向移动刀具至 *B* 点（-35.0，50.0）；手摇进给转换成"X"，在+X 轴方向移动刀具至 *C* 点（-15.0，50.0），直至刀移动到 *H* 点（35.0，-50.0）。

8）沿+Z 方向手摇退出刀具至工件坐标系（35.0，-50.0，50.0）处。

工厂提示 ▶▶▶

在手摇切削进给过程中,要注意尽可能保持切削进给速度,即手摇速度的一致性。

(3)测量工件。在加工完成后及时进行工件精度的测量,在工件拆除前进行修正。

(4)安全文明生产。拆除工件,清洁机床,清理工作现场。

任务4　数控铣床/加工中心程序输入与编辑

一、任务描述

数控加工中,每一任务都涉及程序输入与编辑,因此,数控机床操作的首要任务就是将数控程序正确、快速地输入数控系统。本任务要求将下列数控铣床/加工中心程序(该程序为图1-3-1所示工件的数控铣床/加工中心加工程序)采用手工输入方式输入数控装置,并通过程序校验来验证所输入程序的正确性,为后续任务的完成打下基础。通过学习了解数控编程、数控程序及程序段格式、数控系统常用功能指令等理论知识,掌握数控程序的手工输入与编辑、程序校验等操作技能。

```
O0010;
G90 G94 G40 G17 G21 G54;
G91 G28 Z0;
M03 S600 M08;
G90 G00 X-35.0 Y-50.0;
    Z20.0;
G01 Z-2.8 F100;
    Y50.0;
    X-15.0;
    Y-50.0;
    X15.0;
    Y50.0;
    X35.0;
    Y-50.0;
G00 Z50.0 M09;
M30;
```

说明:本例的程序即为图1-3-1所示工件的加工程序

注:如果学校有数控计算机仿真软件,本任务的实施可在数控仿真软件中完成。

二、相关知识

1. 数控编程

(1)数控编程的定义

为了使数控机床能根据工件加工的要求进行动作,必须将这些要求以机床数控系统能识别的指令形式告知数控系统,这种数控系统可以识别的指令称为程序,制作程序的过程称为数控编程。

数控编程的过程不仅仅指编写数控加工指令代码的过程,它还包括从工件分析到编写加工指令代码再到制成控制介质以及程序校核的全过程。在编程前首先要进行工件的加工工艺分析,确定加工工艺路线、工艺参数、刀具的运动轨迹、位移量、切削用量(切削速度、进给量、背吃刀量)以及各项辅助功能(换刀、主轴正反转、切削液开关等);接着根据数控机床规定的指令代码及程序格式编写加工程序单;再把这一程序单中的内容记录在控制介质上(如软磁盘、移动存储器、硬盘),检查正确无误后采用手工输入方式或计算机传输方式输入数控机床的数控装置中,从而指挥机床加工工件。

（2）数控编程的分类

数控编程可分为手工编程和自动化编程两种。

1）手工编程。手工编程是指编制加工程序的全过程,即图样分析、工艺处理、数值计算、编写程序单、制作控制介质、程序校验都是由手工来完成,如图 1-4-1 所示。

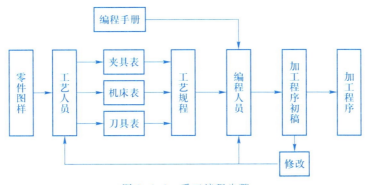

图 1-4-1　手工编程步骤

手工编程不需要计算机、编程器、编程软件等辅助设备,只需要有合格的编程人员即可完成。手工编程具有编程快速及时的优点,但其缺点是不能进行复杂工件加工程序的编制。手工编程比较适合批量较大、形状简单、计算方便、轮廓由直线或圆弧组成的工件的加工。对于形状复杂的工件,特别是具有非圆曲线、列表曲线及曲面的工件,采用手工编程比较困难,最好采用自动编程的方法进行编程。

2）自动编程。自动编程是指用计算机编制数控加工程序的过程。

自动编程的优点是效率高,程序正确性好。自动编程由计算机代替人完成复杂的坐标计算和书写程序单的工作,它可以解决许多手工编制无法完成的复杂工件编程难题,但其缺点是必须具有自动编程系统或编程软件。自动编程较适合于形状复杂工件的加工程序编制,如模具加工、多轴联动加工等场合。

采用 CAD/CAM 软件自动编程与加工的过程为:图样分析、工件造型、生成刀具轨迹、后置处理生成加工程序、程序校验、程序传输并进行加工。

根据输入方式的不同,可将自动编程分为图形数控自动编程、语言数控自动编程和语音数控自动编程等。

（3）数控手工编程的内容与步骤

数控编程步骤如图 1-4-2 所示,主要有以下几个方面的内容。

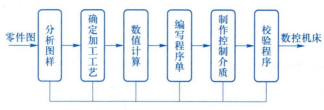

图1-4-2 数控编程步骤

1）分析图样。包括工件轮廓分析，工件尺寸精度、几何精度、表面粗糙度、技术要求的分析，工件材料、热处理等要求的分析。

2）确定加工工艺。选择加工方案，确定加工路线，选择定位与夹紧方式，选择刀具，选择各项切削参数，选择对刀点、换刀点等。

3）数值计算。选择编程坐标系原点，对工件轮廓上各基点或节点进行准确的数值计算，为编写加工程序单做好准备。

4）编写程序单。根据数控机床规定的指令及程序格式编写加工程序单。

5）制作控制介质。简单的数控加工程序可直接通过键盘进行手工输入。当需要自动输入加工程序时，必须预先制作控制介质。现在大多数程序采用软盘、移动存储器、硬盘作为存储介质，采用计算机传输进行自动输入。

6）校验程序。加工程序必须经过校验并确认无误后才能使用。程序校验一般采用机床空运行的方式进行，有图形显示功能的机床可直接在 CRT 显示屏上进行校验，另外还可采用计算机数控模拟等方式进行校验。

（4）数控铣床、加工中心编程特点

1）为了方便编程中的数值计算，在数控铣床、加工中心的编程中广泛采用刀具半径补偿来进行编程。

2）为适应数控铣床、加工中心的加工需要，对于常见的镗孔、钻孔切削加工动作，可以通过采用数控系统本身具备的固定循环功能来实现，以简化编程。

3）大多数的数控铣床与加工中心都具备镜像加工、比例缩放等特殊编程指令以及极坐标编程指令，以提高编程效率，简化程序。

4）根据加工批量的大小，决定加工中心采用自动换刀还是手动换刀。对于单件或很小批量的工件加工，一般采用手动换刀，而对于批量大于 10 件且刀具更换频繁的工件加工，一般采用自动换刀。

5）数控铣床与加工中心广泛采用子程序编程的方法。编程时尽量将不同工序内容的程序分别安排到不同的子程序中，以便于对每一独立的工序进行单独的调试，也便于加工顺序不合理时重新调整加工程序。主程序主要用于完成换刀及子程序的调用等工作。

2. 数控加工程序的格式

每一种数控系统，根据系统本身的特点与编程的需要，都规定有一定的程序格式。对于不同的机床，其程序格式也不同。因此，编程人员必须严格按照机床（系统）说明书规定的格式进行编程，且加工程序的基本格式是相同的。

（1）程序开始符、结束符

程序开始符、结束符是同一个字符，ISO 代码中是%，EIA 代码中是 EP，书写时要单列一段。

（2）程序的组成

一个完整的程序由程序名、程序内容和程序结束三部分组成，如下所示：

```
%                                    （开始符）
O0010;                               （程序名）
G90 G94 G40 G17 G21 G54;
G91 G28 Z0;
G90 G00 X-16.0 Y840.0;
        Z20.0;                       （程序内容）
M03 S600 M08;
...
G00 Z50.0 M09;
M30;                                 （程序结束）
%                                    （结束符）
```

1）程序名。每一个存储在系统存储器中的程序都需要指定一个程序号以相互区别，这种用于区别工件加工程序的代号称为程序号。因为程序号是加工程序开始部分的识别标记（又称为程序名），所以同一数控系统中的程序号（名）不能重复。程序号写在程序的最前面，必须单独占一行。

FANUC系统程序号的书写格式为O××××，其中O为地址符，其后为四位数字，数值从O0000到O9999，但因O8000之后的名字在数控系统中有特殊用途，比如表示特殊的宏程序、特殊的循环调用等，故编程时用户能够自定义的只能是从O0001到O7999中间的程序名，且在书写时其数字前的零可以省略不写，如O0020可写成O20。

2）程序内容。程序内容是整个加工程序的核心，它由许多程序段组成，每个程序段由一个或多个指令字构成且独占一行，表示控制机床完成一个或几个完整的动作。整个程序内容则构成数控机床中除程序结束外的全部动作。

3）程序结束。程序结束由程序结束指令构成，它必须写在程序的最后。可以作为程序结束标记的M指令有M02和M30，表示结束机床的所有动作。其中M02表示程序结束在当前位置，M30表示程序结束并返回程序开头。为了保证最后程序段的正常执行，通常要求M02/M30单独占一行。此外，子程序结束的结束标记因不同的系统而各异，如FANUC系统中用M99表示子程序结束后返回主程序，而在SIEMENS系统中则通常用M17、M02或字符"RET"作为子程序的结束标记。

微课
数控加工用程序结构

（3）程序段的组成

1）程序段的基本格式。程序段格式是指在一个程序段中的字、字符、数据的排列、书写方式和顺序。程序段是程序的基本组成部分，每个程序段由若干个程序字构成，而程序字又由表示地址的英文字母、特殊文字和数字构成。

通常情况下，程序段格式有可变程序段格式、使用分隔符的程序段格式、固定程序段格式三种。本节主要介绍当前数控机床上常用的可变程序段格式。其格式如下：

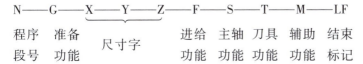

N——	G——	X——Y——Z——	F——	S——	T——	M——	LF
程序段号	准备功能	尺寸字	进给功能	主轴功能	刀具功能	辅助功能	结束标记

例:N50 G01 X30.0 Z30.0 F100 S800 T01 M03;

在程序段中,必须明确组成程序段的各要素:

目标点:终点坐标值 X、Y、Z;

轨迹移动:准备功能字 G;

进给速度:进给功能字 F;

切削速度:主轴转速功能字 S;

使用刀具:刀具功能字 T;

辅助动作:辅助功能字 M。

程序段的中间部分是程序段的内容,主要包括准备功能字、尺寸功能字、进给功能字、主轴功能字、刀具功能字、辅助功能字等,但并不是所有程序段都必须包含这些功能字,有时一个程序段内可仅含有其中一个或几个功能字,如下列程序段所示:

N10 G01 X100.0 F100;

N80 M05;

2)程序字。程序字是构成程序的最小单元,无法再拆分。程序字通常由字母和数字两部分组成,比如:G03、M05、S800、F100、T03、X100.、Y-55.等。每一个程序字都有其自身的含义,若干个程序字组合在一起则构成程序段,能够控制机床完成一个或多个完整的动作。

地址可变程序段格式中,在上一程序段中写明的、本程序段里又不变化的那些字仍然有效,可以不再重写。这种功能字称之为续效字,又叫续效指令,也叫模态代码,一经指定一直有效,直到同组代码出现后被取代。

3)程序段号。程序段号是一个特殊的程序字,通常写在程序段的开头,由程序字母"N"+4位数字组成,如:N0035,其中,前导零可以省略,如:N0035=N35。

程序段号也可以由数控系统自动生成,程序段号的递增量可以通过"机床参数"进行设置,一般可设定增量值为10,以便在修改程序时方便进行修改插入新的程序语句操作。

在大部分系统中,程序段号仅作为"跳转"或"程序检索"的目标位置指示。因此,它的大小及次序可以颠倒,也可以省略。程序段在存储器内以输入的先后顺序排列,而程序的执行是严格按信息在存储器内的先后顺序逐段执行,也就是说执行的先后次序与程序段号无关。但是,当程序段号省略时,该程序段将不能作为"跳转"或"程序检索"的目标程序段。

4)程序段结束。每个程序段独占一行,在该行的最后都有一个符号表示程序段的结束,FANUC 0i系统中通常用分号";"表示程序段的结束。

5)程序的斜杠跳跃。有时,在程序段的前面编有"/"符号,该符号称为斜杠跳跃符号,该程序段称为可跳跃程序段。如下列程序段:

/N10 G00 X100.0;

这样的程序段,可以由操作者对程序段的执行情况进行控制。当操作机床并使系统的"跳过程序段"信号生效时,程序在执行中将跳过这些程序段;当"跳过程序段"信号无效时,该程序段照常执行,即与不加"/"符号的程序段相同。

6)程序段注释。为了方便检查、阅读数控程序,在许多数控系统中允许对程序段进行注释,注释可以作为对操作者的提示显示在屏幕上,但注释对机床动作没有丝毫影响。FANUC系统的程序注释用"()"括起来,而且必须放在程序段的最后,不允许将注释插在地址和数字之间。如下列程序段所示：

O0010;　　　　　　（程序名 O10）

G21 G98 G40;　　　（程序初始化）

T0101;　　　　　　（01 号刀具）

…

3. 数控系统常用功能

数控系统常用功能有准备功能、辅助功能、其他功能三种,这些功能是编制加工程序的基础。

（1）准备功能

准备功能又称 G 功能或 G 指令,是数控机床完成某些准备动作的指令。它由地址符 G 和后面的两位数字组成,从 G00~G99 共 100 种,如 G01、G41 等。目前,随着数控系统功能不断增加等原因,有的系统已采用三位数的功能指令,如 FANUC 系统 G51.1 等。以 FANUC 系统为例,常用 G 功能字含义见表 1-4-1。

微课
准备功能
指令和辅
助功能指
令介绍

表 1-4-1　常用 G 功能字含义

G 功能字	组别	FANUC 系统为例的含义
*G00	01	快速移动点定位
G01		直线插补
G02		顺时针圆弧插补
G03		逆时针圆弧插补
G04	00	暂停
*G15	17	极坐标取消
G16		极坐标指令
*G17	02	XY 平面选择
G18		ZX 平面选择
G19		YZ 平面选择
G20	06	英寸输入
*G21		毫米输入
G27	00	返回参考点检测
G28		返回参考点
G29		从参考点返回
*G40	07	刀具补偿注销
G41		刀具补偿——左
G42		刀具补偿——右
G43	08	刀具长度补偿——正
G44		刀具长度补偿——负
*G49		刀具长度补偿注销

G 功能字	组别	FANUC 系统为例的含义
*G50	11	比例缩放取消
G51		比例缩放有效
*G50.1	22	可编程镜像取消
G51.1		可编程镜像有效
G52	14	局部坐标系设定
G53		选择机床坐标系
*G54~G59		加工坐标系设定
G65	00	用户宏指令
G66	12	用户宏指令
*G67		用户宏指令调用取消
G68	16	坐标旋转指令
*G69		坐标旋转取消
G73	09	深孔钻循环
G74		攻左旋螺纹循环
G76		精镗孔循环
*G80		撤销固定循环
G81~G89		孔加工循环
*G90	03	绝对值编程
G91		增量值编程
G92	00	设定工件坐标系
*G94	05	每分钟进给量
G95		每转进给量
G96	13	恒线速控制
*G97		恒线速取消
*G98	10	返回起始平面
G99		返回 R 平面

注：表中带"*"的指令为开机默认指令。

从 G00~G99 虽有 100 种 G 指令，但并不是每种指令都有实际意义，有些指令在国际标准（ISO）及我国相关标准中并没有指定其功能，即"不指定"，这些指令主要用于将来修改其标准时指定新的功能。还有一些指令，即使在修改标准时也永不指定其功能，即"永不指定"，这些指令可由机床设计者根据需要自行规定其功能，但必须在机床的出厂说明书中予以说明。

（2）辅助功能

辅助功能又称 M 功能或 M 指令，它由地址符 M 和后面的两位数字组成，从 M00~M99

共 100 种。常用 M 功能字含义见表 1-4-2。

表 1-4-2 常用 M 功能字含义

M 功能字	含义
M00	程序无条件暂停
M01	程序有条件暂停
M02	程序结束并停止在当前位置
M03	主轴顺时针旋转
M04	主轴逆时针旋转
M05	主轴旋转停止
M06	换刀
M07	2 号冷却液开
M08	1 号冷却液开
M09	冷却液关
M19	主轴准停
M30	程序结束并返回程序开头
M98	子程序调用
M99	子程序调用结束并返回

辅助功能主要控制机床或系统的各种辅助动作,如机床/系统的电源开、关,切削液的开、关,主轴的正、反、停及程序的结束等。

因数控系统及机床生产厂家的不同,其 G/M 指令的功能也不尽相同,甚至有些指令与 ISO 标准指令的含义也不相同。因此,在进行数控编程时,一定要严格按照机床说明书的规定进行。

在同一程序段中,既有 M 指令又有其他指令时,M 指令与其他指令执行的先后次序由机床系统参数设定,因此,为保证程序以正确的次序执行,有很多 M 指令如 M30、M02、M98 等最好以单独的程序段进行编程。

（3）其他功能

1）坐标功能。坐标功能字（又称尺寸功能字）用来设定机床各坐标的位移量。它一般使用 X、Y、Z、U、V、W、P、Q、R 及 A、B、C、D、E 以及 I、J、K 等地址符为首,在地址符后紧跟 "+" 或 "-" 号和一串数字,分别用于指定直线坐标、角度坐标及圆心坐标的尺寸,如 X100.0、A-30.0、I-10.10 等。

2）刀具功能。刀具功能是指系统进行选（转）刀或换刀的功能指令,也称为 T 功能。刀具功能用地址符 T 及后面的一组数字表示。常用刀具功能的指定方法有 T4 位数法和 T2 位数法。

① T4 位数法。4 位数的前两位数用于指定刀具号,后两位数用于指定刀具补偿存储器号。刀具号与刀具补偿存储器号可以相同,也可以不同,如 T0101 表示选 1 号刀具及选 1 号刀具补偿存储器号中的补偿值;而 T0102 则表示选 1 号刀具及选 2 号刀具补偿存储器号中

微课

常用代码属性及 FST 其他功能指令介绍

的补偿值。FANUC 数控系统及部分国产系统数控车床大多采用 T4 位数法。

② T2 位数法。该指令仅指定了刀具号，刀具存储器号则由其他指令（如 D 或 H 指令）进行选择。同样，刀具号与刀具补偿存储器号可以相同，也可以不同，如 T04D01 表示选用 4 号刀具及 1 号补偿存储器中的补偿值。数控铣床、加工中心普遍采用 T2 位数法。

3）进给功能。用来指定刀具相对于工件运动速度的功能称为进给功能，由地址符 F 和其后面的数字组成。根据加工的需要，进给功能分为每分钟进给和每转进给两种，并以其对应的功能字进行转换。

① 每分钟进给。直线运动的单位为毫米/分钟（mm/min）。数控铣床的每分钟进给通过准备功能字 G94 来指定，其值为大于零的常数。如下列程序段所示：

G94 G01 X20.0 F100;　（进给速度为 100 mm/min）

② 每转进给。如在加工米制螺纹过程中，常使用每转进给来指定进给速度（该进给速度即表示螺纹的螺距或导程），其单位为毫米/转（mm/r），通过准备功能字 G95 来指定。如下列程序段所示：

G95 G01 X20.0 F0.2;　（进给速度为 0.2 mm/r）

在编程时，进给速度不允许用负值来表示，一般也不允许用 F0 来控制进给停止。但在除螺纹加工的实际操作过程中，均可通过操作机床面板上的进给倍率旋钮来对进给速度值进行实时修正。

工厂提示 ▶▶▶

通过倍率开关，可以控制其进给速度的值为 0。

4）主轴功能。用以控制主轴转速的功能称为主轴功能，也称为 S 功能，由地址符 S 及其后面的一组数字组成。

① 主轴转速。根据加工的需要，主轴的转速分为恒转速和恒线速度两种。

恒转速。转速的单位是转/分钟（r/min），用准备功能 G97 来指定，其值为大于零的常数。指令格式如下例：

G97 S1000;　（主轴转速为 1 000 r/min）

恒线速度。在加工某些非圆柱体表面时，为了保证工件的表面质量，主轴需要满足其线速度恒定不变的要求，而自动实时调整转速，这种功能即称为恒线速度。恒线速度的单位为米/分钟（m/min），用准备功能 G96 来指定。恒线速度指令格式如下：

G96 S100;　（主轴恒线速度为 100 m/min）

如图 1-4-3 所示，线速度 v 与转速 n 之间可以相互换算，其换算关系如下：

$$v = \pi D n / 1\ 000$$

$$n = 1\ 000v / \pi D$$

式中：v——切削线速度，m/min；

　　　D——刀具直径，mm；

　　　n——主轴转速，r/min。

在编程时，主轴转速不允许用负值来表示，但

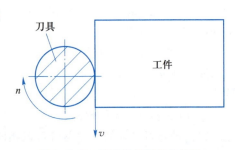

图 1-4-3　线速度与转速的关系

允许用 S0 使转速停止。在实际操作过程中,可通过机床操作面板上的主轴倍率旋钮来对主轴转速值进行修正,其调整范围一般为 50%～120%。

② 主轴的启、停。在程序中,主轴的正转、反转、停转由辅助功能 M03/M04/M05 进行控制。其指令格式如下:

G97 M03 S300;　　（主轴正转,转速为 300 r/min）

M05;　　　　　　　（主轴停转）

（4）常用功能指令的属性

1）指令分组。所谓指令分组,就是将系统中不能同时执行的指令分为一组,并以编号区别。例如 G00、G01、G02、G03 就属于同组指令,其编号为 01 组。类似的同组指令还有很多,可查阅表 1-4-1。

同组指令具有相互取代的作用,同一组指令在一个程序段内只能有一个生效。当在同一程序段内出现两个或两个以上的同组指令时,只执行其最后输入的指令,有的机床此时会出现系统报警。对于不同组的指令,在同一程序段内可以进行不同的组合。如下列程序段所示:

G90 G94 G40 G21 G17 G54;　　（是规范正确的程序段,所有指令均不同组）

G01 G02 X30.0 Y30.0 R30.0 F100;　　（是不规范的程序段,其中 G01 与 G02 是同组指令）

2）模态指令和非模态指令。模态指令（又称为续效指令）表示该指令在某个程序段中一经指定,在接下来的程序段中将持续有效,直到出现同组的另一个指令时,该指令才失效,如常用的 G00、G01、G02、G03 及 F、S、T 等指令。

模态指令的出现,避免了在程序中出现大量的重复指令,使程序变得清晰明了。同样,当尺寸功能字在前后程序段中出现重复,则该尺寸功能字也可以省略。在下列程序段中,有下划线的指令则可以省略其书写和输入:

G01 X20.0 Y20.0 F150.0;

<u>G01</u> X30.0 Y20.0 F150.0;

G02 <u>X30.0</u> Y-20.0 R20.0 F100.0;

因此,以上程序可写成:

G01 X20.0 Y20.0 F150.0;

X30.0;

G02 Y-20.0 R20.0 F100.0;

仅在编入的程序段内才有效的指令称为非模态指令（或称为非续效指令）,如 G 指令中的 G04 指令。

对于模态指令与非模态指令的具体规定,因数控系统的不同而各异,编程时请查阅有关系统说明书。

3）开机默认指令。为了避免编程人员出现指令遗漏,数控系统中对每一组的指令,都选取其中的一个作为开机默认指令,此指令在开机或系统复位时可以自动生效。常见的开机默认指令有 G01、G17、G40、G54、G94、G97 等,见表 1-4-1 中指令前带“＊”的指令。如程序中没有 G96 或 G97 指令,用程序“M03 S200;”指定主轴的正转转速是 200 r/min。

4. 数控铣床/加工中心与编程相关的安全操作规程

1）坐标系的设定。如果没有设置正确的坐标系,尽管指令是正确的,但机床可能并不按想象的动作运动。

2）公英制的转换。在编程过程中,一定要注意公英制的转换,使用的单位制式一定要与机床当前使用的单位制式相同。

3）回转轴的功能。当编制极坐标插补或法线方向(垂直)控制时,要特别注意回转轴的转速。回转轴转速不能过高,如果工件装夹不牢,会由于离心力过大而甩出工件引起事故。

4）刀具补偿功能。在补偿功能模式下,发生基于机床坐标系的运动命令或参考点返回命令,补偿就会暂时取消,这可能会导致机床不可预想的运动。

三、任务实施

1. 程序编辑操作

（1）建立一个新程序

微课
程序输入
与编辑

建立新程序流程及建立新程序后的显示画面如图1-4-4所示。

1）模式按钮选择如图1-4-4①所示的"EDIT"按钮。

2）按下如图1-4-4②所示的MDI功能键 $\boxed{PROG}$ 。

3）输入地址O,输入程序号(如O0123),按下如图1-4-4③所示的 $\boxed{EOB}$ 键。

4）按下如图1-4-4④所示的 $\boxed{INSERT}$ 键即可完成新程序"O0123"的插入。

注意:建立新程序时,要注意建立的程序号应为内存储器没有的新程序号。

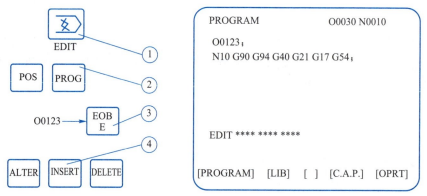

图1-4-4 建立新程序流程及建立新程序后的显示画面

（2）调用内存中储存的程序

1）模式按钮选择"EDIT"。

2）按下MDI功能键 $\boxed{PROG}$,输入地址O,输入要调用的程序号,如O0123。

3）按下光标向下移动键(如图1-4-5所示)即可完成程序"O0123"的调用。

注意:程序调用时,一定要调用内存储器中已存在的程序。

（3）删除程序

1）模式按钮选择"EDIT"。

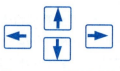

图1-4-5 光标移动键

2）按下MDI功能键 $\boxed{PROG}$,输入地址O,输入要删除的程序号,如O0123。

3）按下 $\boxed{DELETE}$ 键即可完成单个程序"O0123"的删除。

如果要删除内存储器中的所有程序,只要在输入"0～9999"后按下 $\boxed{\text{DELETE}}$ 键即可删除内存储器中所有程序。

如果要删除指定范围内的程序,只要在输入"OXXXX,OYYYY"后按下 $\boxed{\text{DELETE}}$ 键即可将内存储器中"OXXXX～OYYYY"范围内的所有程序删除。

2. 程序段操作

(1) 删除程序段

1) 模式按钮选择"EDIT"。

2) 用光标移动键(如图 1-4-5 所示)检索或扫描到将要删除的程序段地址 N,按下 $\boxed{\text{EOB}}$ 键。

3) 按下 $\boxed{\text{DELETE}}$ 键,将当前光标所在的程序段删除。

如果要删除多个程序段,则用光标移动键检索或扫描到将要删除的程序段开始地址 N(如 N0010),键入地址 N 和最后一个程序段号(如 N1000),按下 $\boxed{\text{DELETE}}$ 键,即可将 N0010～N1000 的所有程序段删除。

(2) 程序段的检索

程序段的检索功能主要使用在自动运行过程中。检索过程如下:

1) 按下模式选择按钮"AUTO"。

2) 按下 MDI 功能键 $\boxed{\text{PROG}}$,显示程序屏幕,输入地址 N 及要检索的程序段号,按下屏幕软键[N SRH]即可检索到所要检索的程序段。

3. 程序字操作

1) 扫描程序字。模式按钮选择"EDIT",按下光标向左或向右移动键(如图 1-4-5 所示),光标将在屏幕上向左或向右移动一个地址字。按下光标向上或向下移动键,光标将移动到上一个或下一个程序段的开头。按下 $\boxed{\text{PAGE UP}}$ 键或 $\boxed{\text{PAGE DOWN}}$ 键,光标将向前或向后翻页显示。

2) 跳到程序开头。在"EDIT"模式下,按下 $\boxed{\text{RESET}}$ 键即可使光标跳到程序头。

3) 插入一个程序字。在"EDIT"模式下,扫描要插入位置前的字,键入要插入的地址字和数据,按下 $\boxed{\text{INSERT}}$ 键。

4) 字的替换。在"EDIT"模式下,扫描到将要替换的字,键入要替换的地址字和数据,按下 $\boxed{\text{ALTER}}$ 键。

5) 字的删除。在"EDIT"模式下,扫描到将要删除的字,按下 $\boxed{\text{DELETE}}$ 键。

6) 输入过程中字的取消。在程序字符的输入过程中,如发现当前字符输入错误,按下一次 $\boxed{\text{CAN}}$ 键,则删除一个当前输入的字符。

工厂提示 ▶▶▶

程序、程序段和程序字的输入与编辑过程中出现的报警,可通过按 MDI 功能键 $\boxed{\text{RESET}}$ 来消除。

4. 输入加工程序

程序的输入过程如下：

模式按钮选"EDIT"，按 PROG ，将程序保护置在"OFF"位置。

O0010 INSERT

EOB INSERT

G90 G95 G40 G17 G21 EOB INSERT

G91 G28 Z0 EOB INSERT

M03 S600 M08 M04 EOB INSERT

G90 G00 X-25.0 Y-40.0 EOB INSERT

Z20.0 EOB INSERT

…

G00 Z50.0 M09 EOB INSERT

M30 EOB INSERT

RESET

输入后，发现第二行中 G95 应改成 G94，且少输了 G54，第四行中多输了 M04，修改如下：

将光标移动到 G95 上，输入 G94，按下 ALTER 。

将光标移动到 G21 上，输入 G54，按下 INSERT 。

将光标移动到 M04 上，按下 DELETE 。

5. 数控程序校验

（1）机床锁住校验

机床锁住校验流程及运行检视画面如图 1-4-6 所示，操作步骤如下。

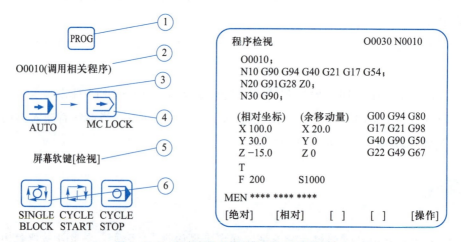

图 1-4-6 机床锁住校验流程及运行检视画面

1）按下如图 1-4-6①所示的按钮 $\boxed{\text{PROG}}$，如图 1-4-6②所示的调用刚才输入的程序"O0010"。

2）按下如图 1-4-6③所示的模式选择按钮"AUTO"，按下如图 1-4-6④所示的机床锁住按钮"MC LOCK"。

3）按下如图 1-4-6⑤所示的软键［检视］，使屏幕显示正在执行的程序及坐标。

4）按下如图 1-4-6⑥所示的单步运行按钮"SINGLE BLOCK"，进行机床锁住检查。

工厂提示 ▶▶▶

在机床校验过程中，采用单步运行模式而非自动运行较为合适。

（2）机床空运行校验

机床空运行校验的操作流程与机床锁住校验流程相似，不同之处在于将流程中按下"MC LOCK"按钮换成"DRY RUN"按钮。

工厂提示 ▶▶▶

机床空运行校验轨迹与自动运行轨迹完全相同，而且刀具均以快速运行速度运行。因此，空运行前应将 G54 中设定的 Z 坐标抬高一定距离再进行空运行校验。

（3）采用图形显示功能校验

图形功能可以显示自动运行期间的刀具移动轨迹，操作者可通过观察屏幕显示出的轨迹来检查加工过程，显示的图形可以进行放大及复原。图形显示功能可以在自动运行、机床锁住和空运行等模式下使用，其操作过程如下：

1）选择模式按钮"AUTO"。

2）在 MDI 面板上按下 $\boxed{\text{CUSTOM GRAPH}}$，显示如图 1-4-7 所示的画面。

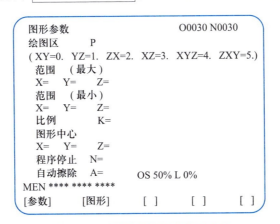

图 1-4-7　图形显示参数设置画面

3）通过光标移动键将光标移动至所需设定的参数处，输入数据后按下 $\boxed{\text{INPUT}}$，依次完成各项参数的设定。

4）再次按下屏幕显示软键[GRAPH]。

5）按下循环启动"CYCLE START"按钮,机床开始移动,并在屏幕上绘出刀具的运动轨迹,本任务工件的刀具轨迹如图1-4-8所示。

6）在图形显示过程中,按下屏幕软键[ZOOM]/[NORMAL]可进行放大、恢复图形的操作。

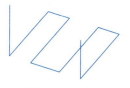

图1-4-8 绘制刀具轨迹

工厂提示 ▶▶▶

在机床锁住校验过程中,如出现程序格式错误,则机床显示程序报警画面,机床停止运行。因此,机床锁住主要校验程序格式的正确性。

机床空运行校验和图形显示校验主要用于校验程序轨迹的正确性。如果机床具有图形显示功能,则采用图形显示校验更加方便直观。

任务5 数控仿真加工

一、任务描述

数控仿真加工采用可视化技术,在计算机上模拟实际加工过程,有效提高了数控加工的可靠性和高效性。本任务通过仿真系统的介绍,让学习者了解虚拟仿真技术在数控加工中的应用。通过数控仿真软件的操作实践,掌握数控仿真软件机床及系统的选择,掌握数控仿真软件中刀具、夹具毛坯的选择及安装拆除方法,掌握程序的输入及运行,项目的保存及打开等基本操作,为后续项目程序的模拟仿真加工做准备。

二、相关知识

当前,在数控培训中使用的仿真软件较多,主要有"上海宇龙仿真系统""北京斐克仿真系统""南京宇航仿真系统"和"南京斯沃仿真系统"等,虽然这些仿真系统各有特点,但其操作却大同小异。本书以上海宇龙软件公司开发的"数控仿真系统3.7版"来说明仿真加工的方法。

微课
数控加工仿真软件简介

1. 软件界面认知

进入数控加工仿真系统以后,屏幕上出现如图1-5-1所示的界面。该界面主要包括:主菜单、工具栏、机床显示区、CRT显示屏、MDI键盘、机床操作面板、状态栏等。

1）主菜单。主菜单具有Windows视窗特性,是软件操作的命令集合,每个主菜单下都有下拉子菜单。

2）工具栏。它由一系列图标按钮构成,每个图标按钮都形象地表示了主菜单中的一个命令。

主菜单　　　　工具栏　　　　　　　　　　CRT显示屏

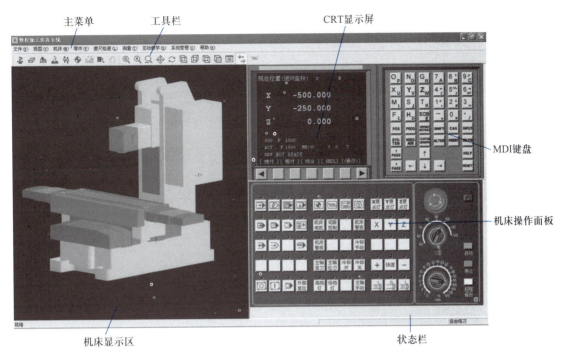

机床显示区　　　　　　　　　　　　　　　状态栏

MDI键盘

机床操作面板

图 1-5-1　数控加工仿真系统软件界面

3）机床显示区。机床显示区是界面上左边的部分,主要显示机床实体,能够形象逼真地显示出加工状况。

4）CRT 显示屏。CRT 是阴极射线管显示器的英文缩写(Cathode Rediation Tube,CRT),主要用来显示数控系统的相关数据,用户可以从屏幕中看到操作数控系统的反馈信息。

5）MDI 键盘。MDI 键盘主要用来输入数控指令及设置相关参数,是数控系统最主要的输入方式,如图 1-5-2 所示,主要功能见表 1-5-1。

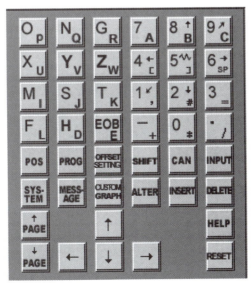

图 1-5-2　MDI 键盘

表 1-5-1 MDI 键盘按钮主要功能

块名	图标	功能	块名	图标	功能
数字字母键	G R 7 A 键盘上部 4 行 6 列	用于输入数据到输入区域系统自动判别取字母或取数字	页面切换键	MESS-AGE	信息
				CUSTOM GRAPH	图形参数
编辑键	ALTER	替换键	翻页按钮	↑ PAGE	向上翻页
	DELETE	删除键		↓ PAGE	向下翻页
	INSERT	插入键	光标移动	↑	向上移动光标
	CAN	取消键		←	向左移动光标
	EOB E	分号;换行键		↓	向下移动光标
	SHIFT	上挡键		→	向右移动光标
页面切换键	PROG	程序编辑	其他键	INPUT	输入键:用于输入到参数界面
	POS	位置显示		HELP	系统帮助
	OFFSET SETTING	参数输入		RESET	复位键
	SYS-TEM	系统参数			

6) 机床操作面板。数控机床面板显示操作时所应用的功能按钮,不同的数控系统、不同的厂家,其机床的操作面板也不相同,如图 1-5-3 所示,主要功能见表 1-5-2。

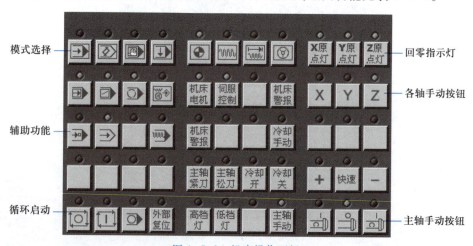

图 1-5-3 机床操作面板

表 1-5-2　机床操作面板主要功能

图标	功能	其他表达方式	图标	功能	其他表达方式
	自动运行	AUTO/MEN		远程执行	DNC
	编辑	EDIT		单节	Single Block
	手动数据输入方式	MDI		单节忽略	Block Skip
	选择性停止	M01Stop/Option Stop		手动脉冲/手轮	HND/MPG
	手动示教	Teach		主轴正转	CW
	机械锁定	Lock		主轴停止	Stop
	试运行	Dry Run		主轴反转	CCW
	进给保持	AutoStop		主轴倍率	Main Axis Override
	循环启动	AutoStart			
	循环停止	M00 Stop		进给倍率	Manual Tranfer/free Override
	回原点	REF/ZRN/Home			
	手动	JOG		紧急停止	Emergancy Stop
	手动脉冲/增量进给	INC			
	启动机床	Start		显示手轮	Hand
	关闭机床	Stop		解除警报	Release

2. 视图变换

在工具栏中选 　　　　　　　　　　　　之一,它们分别对应于视图菜单下拉菜单中的各个指令,见表 1-5-3。

表1-5-3　工具栏指令功能

图标	功能	图标	功能	图标	功能	图标	功能
	复位		局部放大		动态缩放		动态平移
	动态旋转		左侧视图		右侧视图		俯视图
	前视图		选项…		控制面板切换		

在操作机床的过程中,通过不同的视图命令,可以从不同角度和方向对机床进行观察操作。

三、任务实施

1. 仿真加工准备操作

（1）机床选择

打开菜单"机床/选择机床"或者单击工具栏上的小图标 ,弹出如图1-5-4所示的"选择机床"对话框,选择相应的数控系统、机床类型、厂家及型号,然后单击"确定"按钮。

微课
仿真加工
基本操作

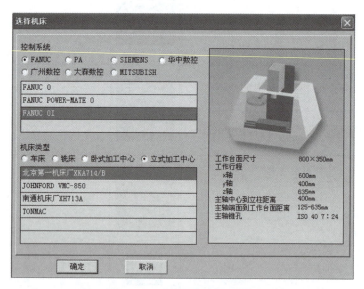

图1-5-4　"选择机床"对话框

1）控制系统。仿真软件可供选择的数控系统有7种:FANUC、PA、SIEMENS、华中数控、广州数控、大森数控、MITSUBISH。每种系统下面还可以选择其他系列系统,图1-5-4选择了"FANUC 0I"系统。

2）机床类型。仿真软件可以仿真数控车床、数控铣床、卧式加工中心、立式加工中心,并且每种机床还提供了多家机床厂的机床操作面板。

（2）显示参数

在视图菜单或浮动菜单中选择"选项"，或在工具栏中选择 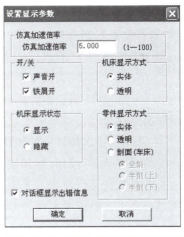 按钮，在弹出的对话框中进行相应设置，如图1-5-5所示。其中：

"仿真加速倍率"中的速度值可以调节仿真速度，有效数值范围是1~100。

"机床显示方式"中的"透明"可方便观察加工状况，车床中还有剖面处理。

"开/关"选项可以设置声音和铁屑的显示状况。

如果选中"对话框显示出错信息"，则出错信息提示将出现在对话框中；否则，出错信息将出现在屏幕的右下角。

图1-5-5　"设置显示参数"对话框

（3）毛坯选择、安装

打开工件菜单如图1-5-6所示，可以对工件进行相应的操作。

1）定义毛坯。打开菜单"工件/定义毛坯"或在工具栏上单击图标 ，系统将弹出"定义毛坯"对话框，如图1-5-7和图1-5-8所示。

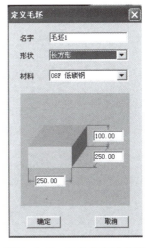

图1-5-6　工件菜单　　图1-5-7　定义圆柱形毛坯　　图1-5-8　定义长方形毛坯

在"定义毛坯"对话框中分别输入以下信息。

① 名字。用于定义毛坯的名字，也可以使用默认值。

② 材料。毛坯材料列表框中提供了多种供加工的毛坯材料，可根据需要在"材料"下拉列表中选择。

③ 形状。选择的机床类型不同，毛坯的形状也不同，软件提供圆柱形和长方形两种形状的毛坯供选择。

④ 参数输入。毛坯尺寸输入框用于输入毛坯尺寸，单位是mm。

2）选用夹具。打开菜单"工件/安装夹具"命令或者在工具栏上单击图标 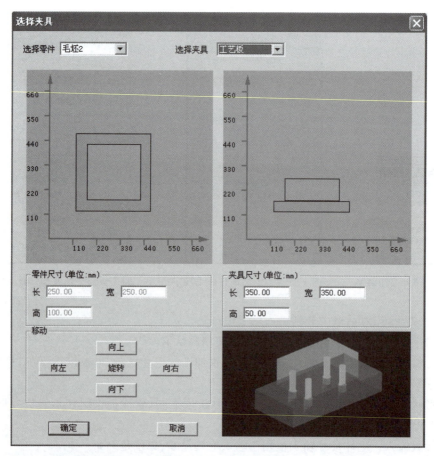，系统将弹出"选择夹具对话框"。

① 在"选择工件"列表框中选择刚才定义的毛坯。

② 在"选择夹具"列表框中选夹具。

③ "夹具尺寸"成组控件内的文本框用于修改工艺板的尺寸。平口钳和卡盘的尺寸由系统根据毛坯尺寸自动给出定值，不能修改。

④ "移动"成组控件内的按钮用于调整毛坯在夹具上的位置。

⑤ 单击"确定"按钮，毛坯被装夹在夹具上。

长方形工件可以使用工艺板或者平口钳，分别如图 1-5-9 和图 1-5-10 所示，圆柱形工件可以选择工艺板或者卡盘，分别如图 1-5-11 和图 1-5-12 所示。

3）放置工件。打开菜单"工件/放置工件"或者在工具栏中单击图标 ，系统将弹出"选择零件"对话框，如图 1-5-13 所示。

在列表中单击所需的工件，选中的工件信息将会加亮显示；单击"安装工件"按钮，系统将自动关闭对话框，工件和夹具（如果已经选择了夹具）将被放到机床工作台上，如图 1-5-14 所示。

图 1-5-9 工艺板夹具

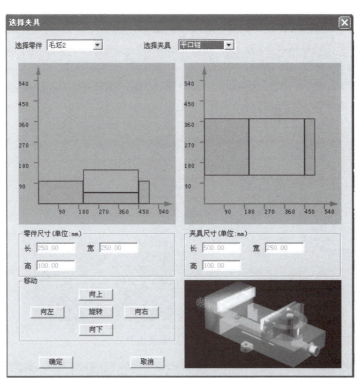

图 1-5-10　平口钳夹具

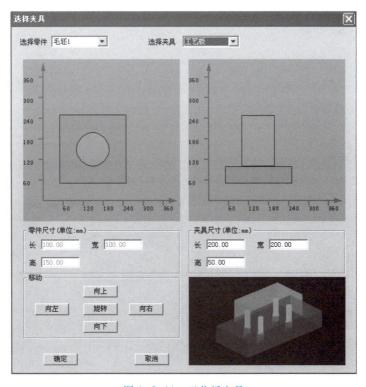

图 1-5-11　工艺板夹具

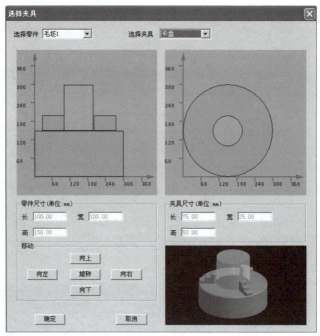

图 1-5-12 卡盘夹具

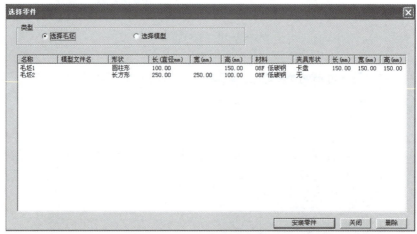

图 1-5-13 "选择零件"对话框

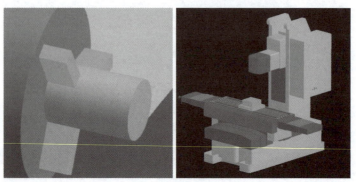

(a) 车床工件   (b) 铣床工件

图 1-5-14 安装工件

4）移动工件。毛坯被放置在工作台上后,系统将自动弹出一个小键盘如图 1-5-15 所示,通过按动小键盘上的方向按钮,实现工件的平移和旋转。单击"退出"按钮可关闭小键盘。选择菜单"工件"→"移动工件"选项也可以打开小键盘。

5）使用压板。铣床和加工中心在使用工艺板或者不使用夹具时,可以使用压板。

① 安装压板。打开菜单"工件/安装压板",系统弹出"选择压板"对话框,如图 1-5-16 所示。

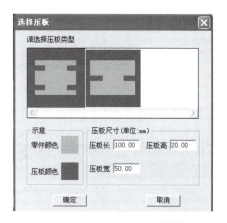

图 1-5-15　铣床移动小键盘　　　　图 1-5-16　"选择压板"对话框

根据工件的尺寸,选择合适的压板类型,单击"确定"按钮以后,压板将出现在台面上。

在"压板尺寸"中可以更改压板的长、宽、高。范围:长为 30~100 mm;宽为 10~50 mm;高为 10~20 mm。

② 拆除压板。打开菜单"工件"→"拆除压板"选项,可将压板拆除。

6）拆除工件。工件加工完毕,需要更换工件时,只有先将机床上的工件拆除后,才能重新安装工件。打开菜单"工件"→"拆除工件"选项,即可把工件从机床上拆除。

（4）刀具选择、安装

选择"机床"→"选择刀具"选项,或者在工具栏中选择图标 🔧 ,系统将弹出"刀具选择"对话框,如图 1-5-17 所示。在加工中心和数控铣床中,选择铣刀所依据的条件是铣刀直径和类型。

1）根据加工条件选择刀具。筛选的条件是直径和类型。在"所需刀具直径"输入框内输入直径;在"所需刀具类型"下拉列表框中选择刀具类型,可供选择的刀具类型有平底刀、球头刀、平底带 R 的刀、钻头、镗刀等。按"确定"按钮,符合条件的刀具在"可选刀具"列表中显示。

2）指定刀位号。在"已经选择的刀具"列表框中指定序号,这个序号就是刀库中的刀位号。立式加工中心允许同时选择 24 把刀具。铣床只能安装一把刀具。

3）选择需要的刀具。先用鼠标单击"已经选择的刀具"列表框中的刀位号,再单击"可选刀具"列表框中所需的刀具,选中的刀具对应显示在"已经选择的刀具"列表框中选中的刀位号所在行,按"确定"完成刀具选择。

立式加工中心暂不装载刀具,刀具选择后放在刀具库上,可通过程序来调用。

铣床只需在刀具列表中选择所需的刀具后,单击"确定"按钮,即可完成刀具选择。

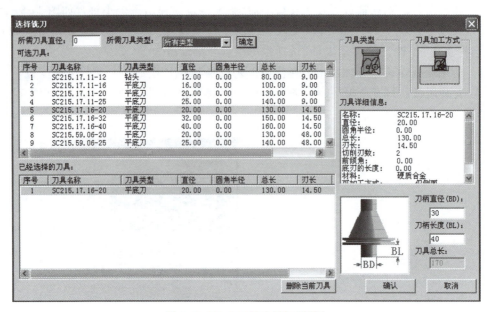

图 1-5-17 "刀具选择"对话框

4）"删除当前刀具"可以从刀架上删除当前选择的刀具。

5）按"确认"按钮,完成刀具安装。

2. 输入 NC 程序

数控程序既可通过 MDI 键盘输入,也可通过传输方式输入。采用 MDI 键盘输入程序的操作步骤如下:

1）完成机床开机操作和回参考点操作。

2）单击操作面板上的编辑键 进入编辑状态。

3）单击 MDI 按钮"**PROG**"。

4）输入主轴正转的程序,输入完成后的界面如图 1-5-18 所示。

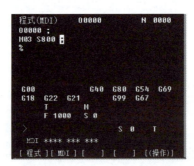

图 1-5-18 程序输入完成后的界面

3. 保存项目

1）选择"文件"→"保存项目"选项,弹出如图 1-5-19 所示"选择保存类型"对话框。

2）单击[确定],弹出如图 1-5-20 所示"另存为"对话框,选择保存文件的位置,单击[保存]按钮,将相应的项目文件保存。

上

务

数控仿真加工

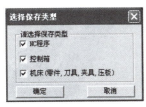

图 1-5-19 "选择保存类型"对话框

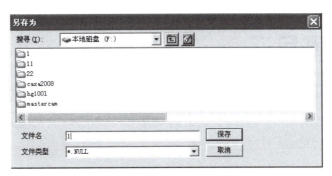

图 1-5-20 "另存为"对话框

4. 自动加工

按操作面板上的循环启动 按键,程序开始执行,机床开始加工。

项目二

平面轮廓类零件加工

如图2-0-1所示工件包含平面、凸台、型腔、单线体刻字等,是一个常见的平面轮廓类零件。加工时,需要掌握刀具直径选择、切削用量计算、分层切削、刀具干涉、工件装夹及校正、尺寸测量、顺逆铣、内外轮廓的切入切出、下刀方式等工艺知识,掌握半径补偿、刀具补偿设定、直线圆弧插补、工件坐标系设定、子程序编程等编程知识,掌握仿真模拟、机床实操加工等基本要领。下面通过平面刻字加工,内、外轮廓加工,槽类型腔类零件加工等3个具体任务的解析与实践,为实施本项目提供所必需的理论知识和实操经验,并在综合任务中完成轮廓、型腔类工件的加工。

三维动画
平面轮廓类

图 2-0-1　平面轮廓类零件实体图

任务1　平面刻字加工

一、任务描述

本任务要求完成如图2-1-1所示工件的加工,该任务主要是大平面、台阶面、单线体刻字加工。通过学习掌握大平面、台阶面、单线体刻字加工等铣削的加工工艺,能正确使用分层切削的加工方法,正确选用平面、台阶面的加工刀具及合理的切削用量,掌握平面铣削加工路线的拟定方法等工艺知识;掌握 G00、G01、G90、G91、G54 ~G59、G53、G92、G17、G18、G19 等基本编程指令;并逐步培养模拟仿真、实操加工的基本技能。

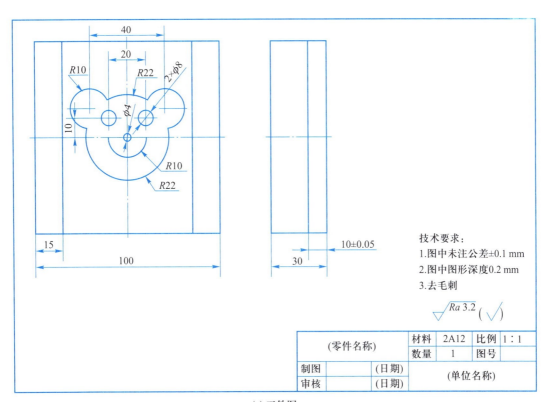

技术要求：
1. 图中未注公差±0.1 mm
2. 图中图形深度0.2 mm
3. 去毛刺

$\sqrt{Ra\,3.2}$ ($\sqrt{}$)

(零件名称)		材料	2A12	比例	1：1
		数量	1	图号	
制图	(日期)		(单位名称)		
审核	(日期)				

(a) 工件图

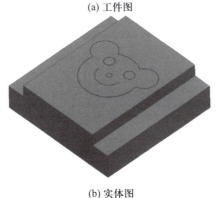

三维动画
平面刻字加工

(b) 实体图

图 2-1-1 项目二任务 1 工件

二、相关知识

1. 平面铣削加工的内容与要求

平面铣削通常是把工件表面加工到某一高度并达到一定表面质量要求的加工。

分析平面铣削加工的内容应考虑：加工平面区域大小，加工面相对基准面的位置，加工平面的表面粗糙度要求，加工面相对基准面的定位尺寸精度、平行度、垂直度等要求，如图 2-1-2 所示。

2. 平面铣削方法

对平面的铣削加工，有圆柱铣刀周铣和面铣刀、立铣刀端铣两种方式，如图 2-1-3 所示。

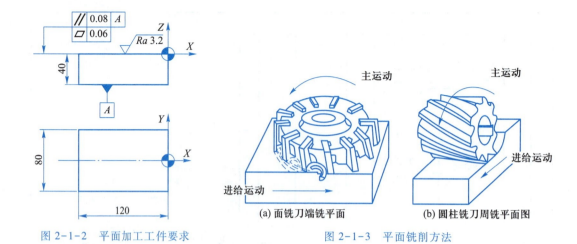

图 2-1-2 平面加工工件要求　　　　图 2-1-3 平面铣削方法

用面铣刀端铣有如下特点：

1）用端铣的方法铣出的平面，其平面度的好坏主要取决于铣床主轴轴线与进给方向的垂直度，面铣刀加工时，它的轴线垂直于工件的加工表面。

2）端铣用的面铣刀其装夹刚性较好，铣削时振动较小。

3）端铣时，同时工作的刀齿数比周铣时多，工作较平稳，这是因为端铣时刀齿在铣削层宽度的范围内工作。

4）端铣用面铣刀切削，其刀齿的主、副切削刃同时工作，由主切削刃切去大部分余量，副切削刃则可起到修光作用，铣刀齿刃负荷分配也较合理，铣刀使用寿命较长，且加工表面的表面粗糙度值也比较小。

5）端铣的面铣刀，便于镶装硬质合金刀片进行高速铣削和阶梯铣削，生产效率高，铣削表面质量也比较好。

一般情况下，铣平面时，端铣的生产效率和铣削质量都比周铣高，所以平面铣削应尽量选用端铣方法。一般大面积的平面铣削使用面铣刀，在小面积平面铣削时也可使用立铣刀端铣。

3. 平面铣削的刀具及选用

平面加工用铣刀主要有圆柱形铣刀、端铣刀、三面刃铣刀、立铣刀等多种，而在立式数控铣床和加工中心中最常用的有立铣刀和面铣刀。

（1）立铣刀

立铣刀的圆柱表面和端面上都有切削刃，它们可同时进行切削，也可单独进行切削。既可加工平面，又可以加工内外轮廓、台阶面、开式槽等。其结构如图 2-1-4 所示。

立铣刀圆柱表面的切削刃为主切削刃，端面上的切削刃为副切削刃。主切削刃一般为螺旋齿，这样可以增加切削平稳性，提高加工精度。由于普通立铣刀端面中心处无切削刃，所以立铣刀不能作轴向进给，端面刃主要用来加工与侧面相垂直的底平面。

为了能加工较深的沟槽，并保证有足够的备磨量，立铣刀的轴向长度一般较长。

为了改善切屑卷曲情况，增大容屑空间，防止切屑堵塞，刀齿数比较少，容屑槽圆弧半径则较大，一般粗齿立铣刀齿数 $z=3\sim4$，细齿立铣刀齿数 $z=5\sim8$，套式结构立铣刀齿数 $z=$

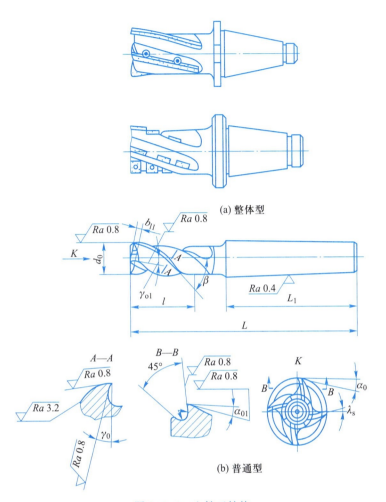

(a) 整体型

(b) 普通型

图 2-1-4　立铣刀结构

10~20，容屑槽圆弧半径 $r=2~5$ mm。当立铣刀直径较大时，还可制成不等齿距结构，以增强抗振作用，使切屑过程平稳。

标准立铣刀的螺旋角 β 为 40°~45°（粗齿）和 30°~35°（细齿），套式立铣刀的 β 为15°~25°。

直径较小的立铣刀，一般制成带柄形式。直径在 2~71 mm 的立铣刀制成直柄；直径在 6~63 mm 的立铣刀制成莫式锥柄；直径在 25~80 mm 的立铣刀制成 7∶24 锥柄，内有螺纹孔用来拉紧刀具。但是由于数控机床铣刀能快速自动装卸，故立铣刀柄部形式也有很大不同，一般是由专业厂家按照一定的规范设计制造成统一形式、统一尺寸的刀柄。直径大于 160 mm 的立铣刀可做成套式结构。

（2）面铣刀（端铣刀）

面铣刀又称端铣刀，是平面加工的首选刀具，数控加工中又以硬质合金可转位式面铣刀应用较为广泛，其结构如图 2-1-5 所示。

硬质合金可转位式面铣刀（可转位式端铣刀），要求刀片定位精度高、夹紧可靠、排屑容易、更换刀片迅速等，同时各定位、夹紧元件通用性要好，制造要方便，降低成本，操作使用方

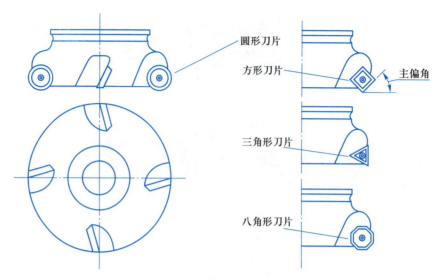

圆形刀片

方形刀片   主偏角

三角形刀片

八角形刀片

图 2-1-5 硬质合金可转位面铣刀

便,刀刃用钝后,可直接在机床上转换刀刃和更换刀片。与高速钢面铣刀相比,铣削速度较高、加工效率高、加工表面质量也较好,并可加工带有硬皮和淬硬层的工件,因此,在数控加工中得到广泛应用。

（3）平面铣削时铣刀直径选用

平面铣削时,面铣刀直径尺寸的选择是重点考虑问题之一。

对于面积不太大的平面,宜用直径比平面宽度大的面铣刀实现单次平面铣削,平面铣刀最理想的宽度应为材料宽度的 1.3~1.6 倍。1.3~1.6 倍的比例可以保证切屑较好的形成和排出。

对于面积太大的平面,由于受到多种因素的限制,如考虑到机床功率、刀具和可转位刀片几何尺寸、安装刚度、每次切削的深度和宽度以及其他加工因素,面铣刀刀具直径不可能比加工平面宽度更大,此时宜选用直径大小适当的面铣刀分多次走刀铣削平面。特别是平面粗加工时,切深大、余量不均匀,考虑到机床功率和工艺系统的受力,铣刀直径 D 不宜过大。

工序分散的、较小面积平面,可选用直径较小的立铣刀铣削。

铣平面时,应尽量避免面铣刀刀具的全部刀齿参与铣削,即应该避免对宽度等于或稍微大于刀具直径的工件进行平面铣削。面铣刀整个宽度全部参与铣削（全齿铣削）会迅速磨损镶刀片的切削刃,并容易使切屑黏结在刀齿上。此外工件表面质量也会受到影响,严重时会造成镶刀片过早报废,从而增加加工的成本。

（4）平面铣削时面铣刀刀齿选用

面铣刀齿数对铣削生产率和加工质量有直接影响,齿数越多,同时参与切削的齿数也多,生产率高,铣削过程平稳,加工质量好,但要考虑到其负面的影响;刀齿越密,容屑空间小,排屑不畅,因此只有在精加工余量小和切屑少的场合用齿数相对多的铣刀。

可转位面铣刀的齿数根据直径不同可分为粗齿、细齿、密齿三种。粗齿铣刀主要用于粗加工;细齿铣刀用于平稳条件下的铣削加工;密齿铣刀的每齿进给量较小,主要用于薄壁铸铁的加工。

面铣刀主要以端齿为主,加工各种平面。刀齿主偏角一般为 45°、60°、75°、90°,主偏角为 90°的面铣刀还能同时加工出与平面垂直的直角面,但这个直角面的高度受到刀片长度的限制。

4. 平面铣削的路线设计

平面铣削中,刀具相对于工件的位置选择是否合适将影响到切削加工的状态和加工质量,现分析如图 2-1-6 所示的面铣刀进入工件材料时的位置对加工的影响。

(1)刀心轨迹与工件中心线重合

如图 2-1-6a 所示,刀具中心轨迹与工件中心线重合。单次平面铣削时,当刀具中心处于工件中间位置,容易引起颤振,从而影响到表面加工质量,因此,应该避免刀具中心处于工件中间位置。

(2)刀心轨迹与工件边缘重合

如图 2-1-6b 所示,当刀心轨迹与工件边缘线重合时,切削镶刀片进入工件材料时的冲击力最大,是最不利刀具寿命和加工质量的情况。因此应该避免刀具中心线与工件边缘线重合。

(3)刀心轨迹在工件边缘外

如图 2-1-6c 所示,刀心轨迹在工件边缘外时,刀具刚刚切入工件时,刀片相对工件材料冲击速度大,引起碰撞力也较大。容易使刀具破损或产生缺口,基于此,拟定刀心轨迹时,应避免刀心在工件之外。

(4)刀心轨迹在工件边缘与中心线间

如图 2-1-6d 所示,当刀心处于工件内时,已切入工件材料镶刀片承受最大切削力,而刚切入(撞入)工件的刀片将受力较小,引起碰撞力也较小,从而可延长镶刀片寿命,且引起的振动也小一些。

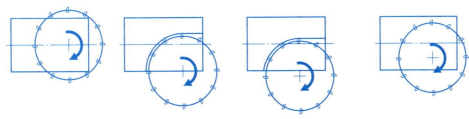

(a) 对称铣削   (b) 刀具中心在工件边缘   (c) 刀具中心在工件之外   (d) 刀心在中心线与边线间

图 2-1-6 铣削中刀具相对于工件的位置

因此尽量让面铣刀中心在工件区域内。但要注意,当工件表面只需一次切削时,应避免刀心轨迹线与工件表面的中心线重合。

由上分析可见,拟定面铣刀路时,应尽量避免刀心轨迹与工件中心线重合、刀心轨迹与工件边缘重合、刀心轨迹在工件边缘外的三种情况,设计刀心轨迹在工件边缘与中心线间是理想的选择。

再比较如图 2-1-7 所示两个刀路,虽然刀心轨迹在工件边缘与中心线间,但图 2-1-7b 所示的面铣刀整个宽度全部参与铣削,刀具容易磨损;图 2-1-7a 所示的刀具铣削位置是合适的。

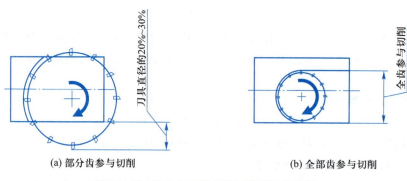

(a) 部分齿参与切削　　　　　　　　　　(b) 全部齿参与切削

图 2-1-7　刀心在工件内的两种情况的比较

5. 平面铣削用量

平面铣削分粗铣、半精铣、精铣三种情况,粗铣时,铣削用量选择侧重考虑刀具性能、工艺系统刚性、机床功率、加工效率等因素。精铣时侧重考虑表面加工精度的要求,硬质合金刀具铣削不同材料时粗、精加工进给量选择参考见表 2-1-1。

表 2-1-1　硬质合金刀具铣削不同材料时粗、精加工进给量选用参考表

项目	钢		铸铁及铜合金	
粗加工每齿进给量 mm/z	YT15	YT5	YG6	YG8
	0.09~0.18	0.12~0.24	0.14~0.24	0.20~0.29
精加工每转进给量 mm/r	Ra3.2	Ra1.6	Ra0.8	Ra0.4
	0.5~1.0	0.4~0.6	0.2~0.3	0.15

6. 大平面铣削时的刀具路线

单次平面铣削的一般规则同样也适用于多次铣削。由于平面铣刀直径的限制而不能一次切除较大平面区域内的所有材料,因此在同一深度需要多次走刀。

铣削大面积工件平面时,分多次铣削的刀路有好几种,如图 2-1-8 所示,最为常见的方法为同一深度上的单向多次铣削和双向多次铣削。

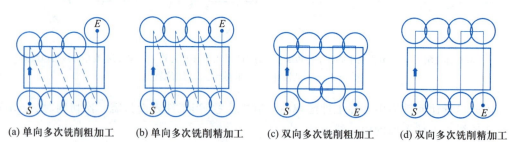

(a) 单向多次铣削粗加工　(b) 单向多次铣削精加工　(c) 双向多次铣削粗加工　(d) 双向多次铣削精加工

图 2-1-8　面铣时的多次铣削刀路

(1)单向多次铣削粗精加工的路线设计

如图 2-1-8a、图 2-1-8b 所示为单向多次铣削粗精加工的路线设计。

单向多次铣削时,铣削起点在工件的同一侧,另一侧为终点的位置,每完成一次工作进给的铣削后,刀具从工件上方快速点定位回到与铣削起点在工件的同一侧,这是平面精铣削时常

用的方法,但频繁的快速返回运动导致效率很低,但这种刀路能保证面铣刀的铣削总是顺铣。

（2）双向来回 Z 形铣削

双向来回铣削也称为 Z 形切削,如图 2-1-8c、图 2-1-8d 所示,显然它的效率比单向多次铣削要高,但它在面铣刀改变方向时,刀具要从顺铣方式改为逆铣方式,从而在精铣平面时影响加工质量,因此平面质量要求高的平面精铣通常并不使用这种刀路,但常用于平面铣削的粗加工。

为了安全起见,刀具起点和终点设计时,应确保刀具与工件间有足够的安全间隙。

7. 影响尺寸及形位精度的原因

（1）影响尺寸精度的原因

在数铣加工过程中,产生尺寸精度降低的原因是多方面的,在实际加工过程中,造成尺寸精度降低的原因有很多,见表 2-1-2。

表 2-1-2 数控铣削加工中尺寸精度降低的原因

影响因素	产生原因
工件装夹及矫正	工件装夹不牢,加工中受力产生振动
	安装时工件矫正不正确或误差过大
刀具及使用	刀具尺寸不正确或磨损
	对刀不正确或误差过大
	刀具刚性不足,加工中产生振动
加工	切削深度过大,导致刀具发生弹性变形,加工面呈锥形
	刀具补偿参数设置不正确
	精加工余量选择过大或过小
	切削用量选择不当,导致切削力、切削热过大,从而产生热变形和内应力
工艺系统	机床原理误差
	机床几何误差
	工件定位不正确或夹具与定位元件制造误差

（2）影响形位精度的原因

工件的形位精度包括:各加工表面与基准面间的垂直度、平行度以及对称度等,其对工件的配合精度有直接影响。在工件轮廓的加工过程中,造成形位精度降低的原因有很多,见表 2-1-3。

表 2-1-3 数控铣削加工中形位精度降低的原因

影响因素	产生原因
工件装夹及矫正	工件装夹不牢,加工中受力产生振动
	夹紧力过大,产生弹性变形,切削完成后变形恢复
	工件矫正不正确,导致加工面与基准面不平行或不垂直

续表

影响因素	产生原因
刀具及使用	刀具刚性不足,加工中产生振动
	对刀不正确产生位置精度误差
加工	切削深度过大,导致刀具发生弹性变形,加工面呈锥形
	切削用量选择不当,导致切削力过大,从而产生工件变形
工艺系统	夹具装夹找正不正确
	机床几何误差
	工件定位不正确或夹具与定位元件制造误差

8. 确定加工路线时应遵循的原则

1）加工方式、路线应保证被加工工件的精度和表面粗糙度。

2）尽量减少进、退刀时间和其他辅助时间,尽量使加工路线最短,减少空行程时间,保证加工效率。

3）进、退刀位置应选在不太重要的位置,并且使刀具尽量沿切线方向进、退刀,避免采用法向进、退刀和进给中途停顿而产生刀痕。

4）所确定的加工路线应当能减少编程工作量,以及编程时数值计算的工作量。

总之,在确定加工路线时,应参照以上原则,并综合考虑加工余量及机床的加工能力等因素,合理安排加工路线。

9. 程序初始化指令

（1）绝对尺寸指令 G90 和增量尺寸指令 G91

在加工程序中,绝对尺寸指令和增量尺寸指令有两种表达方法。绝对尺寸指机床运动部件的坐标尺寸值相对于坐标原点给出,如图 2-1-9 所示,A 点坐标为（10,15）,B 点坐标为（25,35）。增量尺寸指机床运动部件的坐标尺寸值相对于前一位置给出,如图 2-1-10 所示,A 点坐标为（0,0）,B 点坐标为（15,20）。

微课
G90、G91
指令

动画
G90、G91
指令

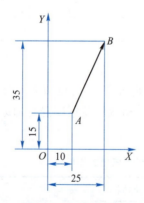

图 2-1-9　绝对尺寸

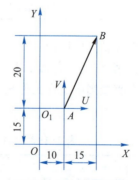

图 2-1-10　增量尺寸

这种表达方式的特点是同一条程序段中只能用一种,不能混用;同一坐标轴方向尺寸字的地址符是相同的。

（2）坐标平面选择指令 G17、G18、G19

坐标平面选择指令是用来选择圆弧插补的平面和刀具补偿平面的。

G17 表示选择 XY 平面，G18 表示选择 ZX 平面，G19 表示选择 YZ 平面。各坐标平面如图 2-1-11 所示。一般数控车床默认在 ZX 平面内加工，数控铣床默认在 XY 平面内加工。

（3）加工坐标系的建立

1）设置加工坐标系指令 G92。

编程格式：G92 X_ Y_ Z_;

G92 指令是将加工原点设定在相对于刀具起始点的某一空间点上。若程序格式为：

G92 X a Y b Z c;

则将加工原点设定到距刀具起始点距离为 $X=-a$，$Y=-b$，$Z=-c$ 的位置上。

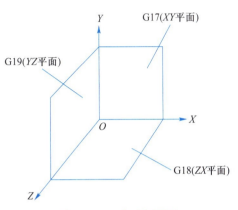

图 2-1-11 各坐标平面

例：G92 X20. Y10. Z10. ;

其确立的加工原点在距离刀具起始点 $X=-20$，$Y=-10$，$Z=-10$ 的位置上，如图 2-1-12 所示。

2）选择机床坐标系指令 G53。

编程格式：G53 G90 X_ Y_ Z_;

G53 指令使刀具快速定位到机床坐标系中的指定位置上，式中 X_Y_Z_为机床坐标系中的坐标值，其尺寸均为负值。

例：G53 G90 X-100. Y-100. Z-20. ;

则执行后刀具在机床坐标系中的位置如图 2-1-13 所示。

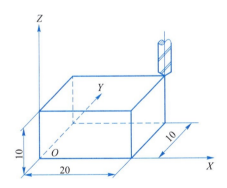

图 2-1-12 G92 设置加工坐标系指令执行

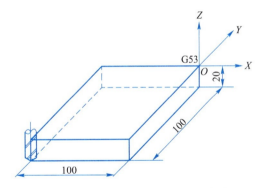

图 2-1-13 G53 选择机床坐标系指令执行

3）选择 1~6 号加工坐标系指令 G54~G59。

这些指令可以分别用来选择相应的加工坐标系。

编程格式：G54 G90;

G00（G01）X_ Y_ Z_（F_）;

该指令执行后，所有坐标值指定的坐标尺寸都是选定工件加工坐标系中的位置。1~6 号工件加工坐标系是通过 CRT/MDI 方式设置的。

如图 2-1-14 所示,用 CRT/MDI 在参数设置方式下设置了两个加工坐标系:

G54:X-50. Y-50. Z-10. ;

G55:X-100. Y-100. Z-20. ;

这时,建立了原点在 O' 的 G54 加工坐标系和原点在 O'' 的 G55 加工坐标系。若执行下述程序段:

N10 G53 G90 X0 Y0 Z0;

N20 G54 G90 G01 X50. Y0 Z0 F100;

N30 G55 G90 G01 X100. Y0 Z0 F100;

则刀尖点的运动轨迹如图 2-1-14 中 OAB 所示。

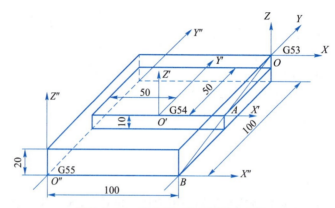

图 2-1-14　设置加工坐标系指令执行

注意:

① G54~G59 设置加工坐标系的方法一样。G54~G59 指令是通过 MDI 在设置参数方式下设定工件加工坐标系的,一旦设定,加工原点在机床坐标系中的位置将不变,它与刀具的当前位置无关,除非再通过 MDI 方式修改。

② G92 与 G54~G59 的区别。G92 指令与 G54~G59 指令都是用于设定工件加工坐标系的,但在使用中是有区别的。G92 指令是通过程序来设定、选用加工坐标系的,它所设定的加工坐标系原点与当前刀具所在的位置有关,这一加工原点在机床坐标系中的位置随当前刀具位置的不同而改变。

③ 当执行程序段"G92 X10 Y10"时,常会认为是刀具在运行程序后到达 X10 Y10 点上。其实,G92 指令程序段只是设定加工坐标系,并不产生任何动作,这时刀具已在加工坐标系中的 X10 Y10 点上。

④ G54~G59 指令程序段可以和 G00、G01 指令组合,如 G54 G90 G01 X10 Y10 时,运动部件在选定的加工坐标系中进行移动。程序段运行后,无论刀具当前点在哪里,它都会移动到加工坐标系中的 X10 Y10 点上。

本书所列加工坐标系的设置方法,仅是 FANUC 系统中常用的方法之一,其余不一一列举。其他数控系统的设置方法应按随机说明书执行。

10. 与插补有关的功能指令

(1) 快速点定位指令 G00

快速点定位指令控制刀具以点位控制的方式快速移动到目标位置,其移动速度由参数来设定。指令执行开始后,刀具沿着各个坐标方向同时按参数设定的速度移动,最后减速到达终点,如图 2-1-15a 所示,从点 A 直接到达点 B,运动中在 X、Y 两轴上的速度不同。另外一种情况,是在各坐标方向上,不是同时到达终点,刀具移动轨迹是几条线段的组合,不是一条直线。例如,在 FANUC 系统中,运动总是先沿 $45°$ 角的直线移动,最后再在某一轴单向移动至目标点位置。如图 2-1-15b 所示,从点 A 出发,在 X、Y 两轴以相同的速度到达点 C,再在轴上到达点 B。编程人员应了解所使用的数控系统的刀具移动轨迹情况,以避免加工中可能出现的碰撞。

指令格式:G00 X_ Y_Z_;

式中 X_ Y_Z_ 是快速点定位的终点坐标值。

如从 A 点到 B 点快速移动的程序段为:G90 G00 X20. Y30. ;

(2) 直线插补指令 G01

直线插补指令用于产生按指定进给速度 F 实现的空间直线运动。

程序格式:G01 X_ Y_ Z_ F_;

式中 X_ Y_ Z_ 是直线插补的终点坐标值。

如实现图 2-1-16 所示的,从 A 点到 B 点的直线插补运动,其程序段为:

绝对方式编程:G90 G01 X10. Y10. F100;

增量方式编程:G91 G01 X-10. Y-20. F100;

微课
G01、G00
指令

动画
G00 指令

动画
G01 指令

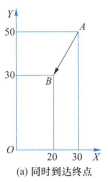

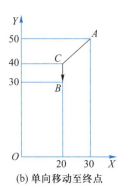

(a) 同时到达终点　　(b) 单向移动至终点

图 2-1-15　快速点定位

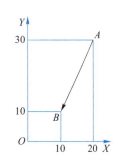

图 2-1-16　直线插补运动

(3) 暂停功能 G04

G04 暂停指令可使刀具作短时间无进给加工或机床空运转,从而使加工表面降低粗糙度。因此 G04 指令一般用于镗平面、锪孔等加工的光整加工。

指令格式:G04 X_;或 G04 P_;

例:G04 X3.0;

　　G04 P2000;

地址 X 后可用小数点进行编程,如上例中 X3.0 表示暂停时间为 3 s,而 X3 则表示暂停时间为 3 ms。地址 P 后面数字不允许带小数点,单位为 ms,如 P2000 表示暂停时间为 2 s。

(4) 返回参考点指令 G27、G28

1) 返回参考点校验指令 G27 用于检查刀具是否正确返回到程序中指定的参考点位置。

指令格式:G27 X_ Y_ Z_;

式中 X_ Y_ Z_为参考点在工作坐标系中的坐标值。

注意:第一,执行 G27 指令的前提是机床在通电后返回过一次参考点,否则 G27 指令无效;第二,不能在刀具补偿方式下使用该指令,因为在刀具补偿情况下,刀具到达的位置将是加上刀具补偿值的位置,此时刀具将不能到达参考点。

2)自动返回参考点指令 G28。执行此指令时,可以使刀具以点位方式经中间点返回参考点。

指令格式:G28 X_ Y_ Z_;

式中 X_ Y_ Z_为返回过程中经过的中间点的坐标值,可以用增量值也可以用绝对值,须用 G91 或 G90 来指定。

返回参考点过程中设定中间点的目的是为了防止刀具在返回参考点过程中与工件或夹具发生干涉。

微课
G02、G03
指令

11. 圆弧插补指令 G02、G03

（1）指令说明

G02 为按进给速度指定的顺时针圆弧插补。G03 为按进给速度指定的逆时针圆弧插补。

圆弧顺逆方向的判别:沿着不在圆弧平面内的坐标轴,由正方向向负方向看,顺时针方向 G02,逆时针方向 G03,如图 2-1-17 所示。

各平面内圆弧情况如图 2-1-18 所示,图 2-1-18a表示 XY 平面的圆弧插补,图 2-1-18b 表示 ZX 平面的圆弧插补,图 2-1-18c 表示 YZ 平面的圆弧插补。

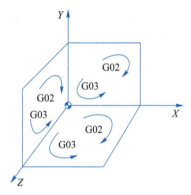

图 2-1-17 圆弧顺逆方向判别

动画
G02 指令
及 R 正负
判断

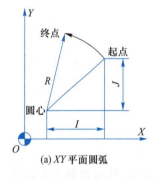
(a) XY 平面圆弧

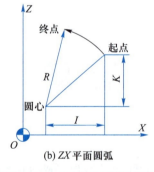
(b) ZX 平面圆弧

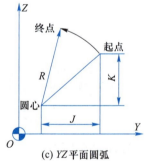
(c) YZ 平面圆弧

图 2-1-18 各平面内圆弧情况

动画
G03 指令

（2）指令格式

XY 平面:G17 G02 X_ Y_ I_ J_（R_）F_;

　　　　 G17 G03 X_ Y_ I_ J_（R_）F_;

ZX 平面:G18 G02 X_ Z_ I_ K_（R_）F_;

　　　　 G18 G03 X_ Z_ I_ K_（R_）F_;

YZ 平面:G19 G02 Z_ Y_ J_ K_（R_）F_;

　　　　 G19 G03 Z_Y_J_ K_（R_）F_;

式中 X_ Y_ Z_是圆弧插补的终点坐标值;I_ J_ K_是圆弧起点到圆心的增量坐标,与

G90、G91 无关;R_为指定圆弧半径,当圆弧的圆心角≤180°时,R_为正;当圆弧的圆心角>180°时,R_为负。

如图 2-1-19 所示,当圆弧的起点为 P_1,终点为 P_2,圆弧插补程序段为:

G02 X321.65 Y280 I40 J140 F50;或 G02 X321.65 Y280 R-145.6 F50;

当圆弧的起点为 P_2,终点为 P_1 时,圆弧插补程序段为:

G03 X160 Y60 I-121.65 J-80 F50;或 G03 X160 Y60 R-145.6 F50;

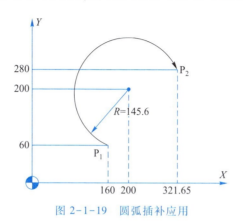

图 2-1-19　圆弧插补应用

三、任务实施

1. 工艺分析

（1）零件加工内容及结构分析

该零件为方形零件,零件材料为 2A12 的硬铝,如图 2-1-1 所示。零件左右各有一个 15 mm 宽、深度 10 mm 的台阶面,工件上表面有一个笑脸图案的刻字加工,零件结构较为简单,且多为平面、台阶面、单线体刻字加工,为一般难度工件,精度较低。无特殊要求,毛坯选用 100 mm×100 mm×31 mm 的方料即可。

（2）精度分析

1）尺寸精度分析:该零件尺寸精度要求不高,除了左右两个台阶面深度要求为±0.05 mm 的公差外,其他尺寸没有具体的精度要求,采用自由公差保证即可。

2）形位公差分析:该零件无具体形位公差要求,工艺安排较简单,加工、测量时无须考虑特殊要求,满足零件的一般使用性能即可。

3）表面粗糙度分析:该零件所有表面粗糙度要求均为 3.2 μm,要求较高,加工时需要粗精分开完成。

（3）零件装夹分析

该零件因无形位公差要求,且为方料,故零件装夹较为简单,采用平口钳加垫铁支撑装夹,并以工件前后两个侧面为 Y 向定位基准,以工件底面为 Z 向定位基准即可满足加工要求,装夹时注意垫铁厚度的选择,保证工件装夹后,左右台阶铣削不发生与平口钳钳口的干涉。

（4）工件坐标系分析

因该零件属于对称工件,为便于各个结构的加工及坐标计算,故其工件坐标系的原点设置在工件上表面中心处。

（5）加工顺序及进给路线分析

1）上表面铣削走刀路线如图 2-1-20 所示。

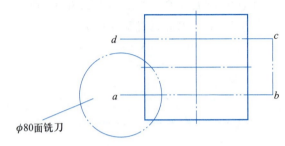

图 2-1-20 上表面铣削走刀路线

2）左右台阶走刀路线如图 2-1-21 所示，a 点为下刀点，d 点为终点，走刀路线沿着 a-b-c-d 的方向进行加工。

3）熊猫脸走刀路线如图 2-1-22 所示，轨迹 a-b-c-d-e-a 为熊猫脸部外轮廓，f-f 为左眼轨迹，g-g 为右眼轨迹，h-h 为鼻子轨迹，m-n 为嘴巴轨迹。

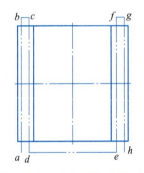

图 2-1-21 左右台阶走刀路线

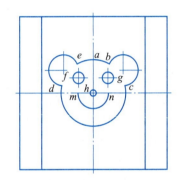

图 2-1-22 熊猫脸走刀路线

（6）加工刀具分析

加工该零件主要采用面铣刀加工上表面，键槽铣刀或立铣刀加工台阶面，用雕刻刀或中心钻等工具加工中间熊猫脸的单线体轨迹，其中键槽铣刀或立铣刀采用 ϕ12 mm 或 ϕ14 mm 等常用直径的即可，且直径越大刀具刚性越好。中心钻选用 A 型钻尖 ϕ3 mm 的即可，刀具选择见表 2-1-4 的刀具卡片。

表 2-1-4 刀 具 卡 片

工件名称					工件图号	2-1-1	
序号	刀具号	刀具规格名称	数量	刀长/mm	加工内容	刀具材料
1	T01	ϕ80 mm 面铣刀	1	120	铣端面	硬质合金
2	T02	ϕ12 mm 立铣刀	1	75	左右台阶面	高速钢
3	T03	ϕ3 mm 中心钻	1	60	刻画笑脸轨迹轮廓	高速钢

（7）切削用量选择

根据前期工艺分析，根据铰孔、钻孔、粗铣、精铣及刀具材料和工件材料、尺寸精度及表面质量要求，结合切削用量选择原则，该任务的切削用量选择如表 2-1-5 所示。

（8）建议采取工艺措施

为保证零件表面粗糙度要求，故建议采取粗精加工分开的方式进行加工，粗加工完成后，留较小的精加工余量，如 0.5 mm 左右，左右台阶面加工要注意铣刀侧刃的利用。且凸台精加工时不要采用分层，采用一刀切深 10 mm 的方法保证台阶面的深度和表面质量，$\phi 3$ mm 中心钻由于直径较细，故钻孔时转速应适当升高，进给速度应适当减小避免断刀。

具体的工序卡片见表 2-1-5。

表 2-1-5　工 序 卡 片

工件名称			工件图号	2-1-1	夹具名称	机用虎钳
工序	名称		工艺要求	使用设备		
1	备料		100×100×31 mm 方料一块 材料 2A12 铝合金	主轴转速 $n/(\text{r/min})$	进给速度 $f/(\text{mm/min})$	切削深度 a_p/mm
2	加工中心	工步	工步内容	刀具号		
		1	铣端面（MDI 或手动方式）	T01	2 000	180	1
		2	粗铣台阶面	T02	800	100	3
		3	精铣台阶面	T02	1 000	80	1
		4	铣削轨迹	T03	2 000	30	0.2
3	检验					

2. 程序编制

项目二任务 1（铣端面）的参考程序见表 2-1-6。项目二任务 1（左右台阶面）的参考程序见表 2-1-7。项目二任务 1（熊猫脸轨迹轮廓）的参考程序见表 2-1-8。

表 2-1-6　项目二任务 1（铣端面）的参考程序

程序段号	FANUC 0i 系统程序	程序说明
	O0001;	程序名
N10	G90 G94 G21 G40 G54 F180;	程序初始化
N20	M03 S2000;	主轴正转，转速为 2 000 r/min
N30	G00X-95.Y-25.;	快速定位至起刀点
N40	G00Z5.;	Z 向定位到安全高度
N50	G01Z-1.F50;	Z 向切削深度为 1 mm
N60	X95.;	铣端面
N70	Y25.;	
N80	X-95.;	
N90	G00Z20.;	Z 向退刀至工件上方 20 mm 处
N100	M30;	程序结束

表 2-1-7 项目二任务 1(左右台阶面)的参考程序

程序段号	FANUC 0i 系统程序	程序说明
	O0002;	程序名
N10	G90 G94 G21 G40 G54 F100;	程序初始化
N20	M03 S800;	主轴正转,转速为 800 r/min
N30	G00 X-47.Y-62.;	快速定位至起刀点
N40	Z5.;	Z 向定位到安全高度
N50	G01 Z-3.F50;	Z 向切削深度为 3 mm
N60	Y62.F100;	a-b
N70	X-41.;	b-c
N80	Y-62.;	c-d
N90	X41.;	d-e
N100	Y62.;	e-f
N110	X47.;	f-g
N120	Y-62.;	g-h
N130	G00Z20.;	Z 向退刀至工件上方 20 mm 处
N160	M30;	程序结束

注意:此参考程序为切削深度 3mm,分四次加工,每次分别修改程序段 N50 的 Z 值即可;将程序段 N50 分别改为 G01 Z-6.F50;G01 Z-9.F50;G01 Z-10.F50;

表 2-1-8 项目二任务 1(熊猫脸轨迹轮廓)的参考程序

程序段号	FANUC 0i 系统程序	程序说明
	O0003;	程序名
N10	G90 G94 G21 G40 G54 F100;	程序初始化
N20	M03 S2000;	主轴正转,转速为 2 000 r/min
N30	G00 X0.Y22.;	快速定位至起刀点
N40	Z5.;	Z 向定位到安全高度
N50	G01 Z-0.2F30;	Z 向切削深度为 0.2 mm
N60	G02X10.89Y19.12R22.;	a-b
N70	G02X21.4Y5.1R-10.;	b-c
N80	G02X-21.4Y5.1R-22.;	c-d
N90	G02X-10.89Y19.12R-10.;	d-e
N100	G02X0Y22.R22.;	e-a
N110	G00Z5.;	Z 向退刀至工件上方 5 mm 处

程序段号	FANUC 0i 系统程序	程序说明
N120	G00X−14.Y10.;	快速定位左眼起刀位置
N130	G01 Z−0.2F30;	Z 向切削深度为 0.2 mm
N140	G02X−14.Y10.I4.J0;	f−f
N150	G00Z5.;	Z 向退刀至工件上方 5 mm 处
N160	G00X14.Y10.;	快速定位右眼起刀位置
N170	G01 Z−0.2F30;	Z 向切削深度为 0.2 mm
N180	G02X14.Y10.I−4.J0;	g−g
N190	G00Z5.;	Z 向退刀至工件上方 5 mm 处
N200	G00X−2.Y0;	快速定位鼻子起刀位置
N210	G01 Z−0.2F30;	Z 向切削深度为 0.2 mm
N220	G02X−2.Y0I2.J0;	h−h
N230	G00Z5.;	Z 向退刀至工件上方 5 mm 处
N240	G00X−10.Y0;	快速定位嘴起刀位置
N250	G01 Z−0.2F30;	Z 向切削深度为 0.2 mm
N260	G03X10.Y0R10.;	m−n
N270	G00Z20.;	Z 向退刀至工件上方 20 mm 处
N280	M30;	程序结束

3. 仿真加工

（1）加工准备

毛坯尺寸:100 mm×100 mm×31 mm

材料:2A12 铝

加工刀具:ϕ80 mm 端铣刀、ϕ12 mm 立铣刀、ϕ3 mm 中心钻。

夹具:机用虎钳

（2）程序的输入与编辑

数控程序可以直接用 FANUC 0i 系统的 MDI 键盘输入,也可以使用计算机键盘录入。操作方法如下:

1）单击操作面板上的编辑键 ▨ 进入编辑状态,然后单击 MDI 键盘上的 ▩ 键,CRT 显示屏界面转入编辑界面,如图 2−1−23 所示。

2）利用 MDI 键盘输入"O××××"（××××为程序号,但不可以与已有程序号重复）,按 ▩ 键,CRT 显示器界面上显示一个空程序,按回车换行键 ▩ 结束一行的输入,如图 2−1−24 所示。

3）每输入一段程序后按 ▩ 键,则输入的程序显示在 CRT 界面上,用回车换行键 ▩ 输入后换行。

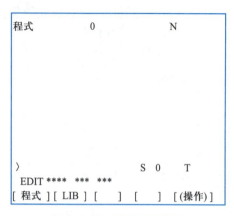

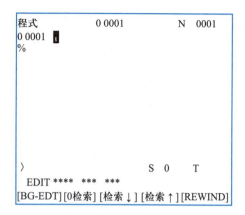

图 2-1-23　程序编辑界面　　　　　　　　图 2-1-24　输入程序名

4）在一定情况下,需要对数控程序进行修改编辑。单击操作面板上的编辑键 [图标],即进入编辑状态。单击 MDI 键盘上的 [PROG] 键,CRT 界面转入编辑界面,选定一个数控程序后,此程序显示在 CRT 界面上,即可对数控程序进行编辑操作。

5）按 [PAGE↑] 和 [PAGE↓] 键用于翻页,按方位键 ↑、↓、←、→ 移动光标。

6）将光标移到所需位置,单击 MDI 键盘上的数字/字母键,将代码输入到输入域中,按插入键 [INSERT],则把输入域的内容插入到光标所在代码后面;按替换键 [ALTER] 键,替换光标所在代码;按删除键 [DELETE],删除光标所在代码。

7）删除数控程序。在编辑状态下,利用 MDI 键盘输入"O××××"(××××为要删除的程序名),按 [DELETE] 键,程序即被删除。输入"0～9999",按 [DELETE] 键,则全部数控程序即被删除。

（3）手动操作介绍

在加工之前需要移动工作台或者试切削时,通常使用手动模式。手动操作方法如下:

1）单击操作面板上的手动按钮 [图标] 使其指示灯亮,机床进入手动加工模式。

2）分别单击 [X]、[Y]、[Z] 按钮,选择移动的坐标轴。

3）分别单击 [+]、[-] 键,控制机床的移动方向。

4）在手动模式下,分别单击 [图标]、[图标]、[图标] 按钮,控制主轴的正转、停止、反转。

（4）手轮操作介绍

在手动模式加工或对刀时,可使用手轮模式来精确调节机床移动量。使用手轮的方法如下:

1）单击操作面板上的手动脉冲按钮 [图标] 或 [图标],使指示灯变亮。

2）单击手轮隐藏按钮 [H] 显示手轮,如图 2-1-25 所示。

3）使鼠标对准轴选择旋钮 [图标],单击左键或右键,选择坐标轴;使鼠标对准手轮进给速度旋钮 [图标],单击左键或右键,选择合适的脉冲当量。

4）鼠标对准手轮 [图标],单击左键或右键,精确控制机床的移动。

图 2-1-25　手轮

5）单击█按钮可隐藏手轮。

（5）MDI 手动数据录入方式加工

1）点击◎手轮按钮，点击右下角█键显示手轮，将手轮对应轴按钮█置于 Z 挡，调节进给速度按钮█，在手轮◎上单击鼠标左键负方向精确移动刀具，使刀具慢慢靠近工件，切削工件的声音刚刚响起且有铁屑时停止。此时此处即为 Z 向坐标 Z_0 的位置，如图 2-1-26 所示。

2）点击█手动方式按钮，适当单击 █X █、█Y █按钮和 █+█、█-█按钮，将刀具移动到工件左侧如图 2-1-27 所示的大致位置。

图 2-1-26　Z 向定位

图 2-1-27　X、Y 向定位

3）输入程序并编辑，加工参考程序见表 2-1-6、表 2-1-7、表 2-1-8。

（6）对刀介绍

1）X、Y 向对刀。

① 点击█手动方式按钮，将机床移动到如图 2-1-28 所示大致位置，单击 MDI 键盘上的█键，使 CRT 显示屏上显示坐标值。

② 选择菜单栏█塞尺检查(L)█选项，选择 1 mm 厚塞尺，则刀具和工件之间被插入塞尺。机床下方显示的局部放大图中，紧贴工件的彩色物体为塞尺，如图 2-1-29 所示。

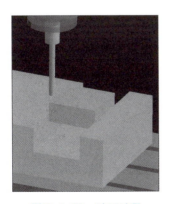

图 2-1-28　对刀过程

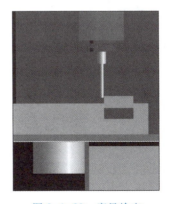

图 2-1-29　塞尺检查

③ 按◎手轮按钮，按右下角█键显示手轮，将手轮对应轴按钮█置于 X 挡，调节进给速度按钮█，在手轮◎上单击鼠标左键或右键精确移动刀具，使得提示信息框显示"塞尺检

查结果:合适",如图 2-1-30 所示。

④ 按 MDI 键盘上的  位置键,按软键 [综合],则 CRT 显示器界面如图 2-1-31 所示。此时,X 轴的坐标显示为 -557.000,此数值为 $\phi12$ mm 立铣刀中心的 X 坐标值,记为 X_1,工件长度记为 X_2,塞尺厚度记为 X_3,刀具直径记为 X_4。

则工件 X 轴的中心坐标为:刀具中心的坐标(X_1)—工件长度的一半($X_2/2$)—塞尺厚度(X_3)—刀具半径($X_4/2$)。

即:$X = X_1 - X_2/2 - X_3 - X_4/2 = -557.000 - 50.000 - 1.000 - 6.000 = -500.000$

图 2-1-30　塞尺检查结果

图 2-1-31　CRT 显示器界面

⑤ 同样的方法计算出工件 Y 轴的中心坐标值,$Y = -415.000$。

⑥ 完成 X、Y 轴方向对刀后,选择菜单"塞尺检查/收回塞尺"将塞尺收回,将机床调至手动操作方式,按 Z 和 $+$ 按钮将 Z 轴提起,完成 X、Y 轴对刀。

2)Z 向对刀。

① 按手动方式按钮,适当按 X、Y、Z 按钮和 $+$、$-$ 按钮,将刀具移动到工件正上方如图 2-1-32 所示的大致位置。

② 同 X、Y 方向对刀一样进行塞尺检查,得到 Z 轴坐标显示为 -296.000,记为 Z_1,如图 2-1-33 所示。

图 2-1-32　Z 方向对刀

图 2-1-33　Z 轴坐标值

则工件上表面 Z 的坐标值为 Z_1—塞尺厚度,即 $Z = Z_1 - 1.000 = -297.000$。

通过对刀得到(X,Y,Z),即(-500.000,-415.000,-297.000)为工件坐标原点在机床坐标系中的坐标值。

（7）参数设置

设置工件坐标系（G54）。

① 在 MDI 键盘上按 ■工具补正键三次进入坐标系参数设定界面。

② 在 MDI 键盘上按 ↑、↓、←、→方位键选择所需的坐标系和坐标轴，如图 2-1-34 所示。

③ 本任务中的工件坐标原点在机床坐标系中的坐标值为（-500.000，-415.000，-297.000），则首先将光标移到 G54 坐标系 X 的位置，如图 2-2-12 所示；在 MDI 键盘上输入"-500.000"按 ■键，参数 X 输入到指定区域；按 ↓键，将光标移到 Y 的位置，输入"-415.000"按 ■键，参数 Y 输入到指定区域；点击 ↓键，将光标移到 Z 的位置，输入"-297.000"按 ■键，参数 Z 输入到指定区域，如图 2-1-35 所示。

```
WORK COONDATES        O      N
  (G54)
  番号 数据           番号 数据
  00    X   0.000      02    X   0.000
 (EXT)  Y   0.000     (G55)  Y   0.000
        Z   0.000            Z   0.000

  01    X   0.000      03    X   0.000
 (G54)  Y   0.000     (G56)  Y   0.000
        Z   0.000            Z   0.000
 〉
  REF  **** *** ***
 [ 补正 ][SETTING][坐标系][    ][ (操作) ]
```

图 2-1-34 选择坐标系

图 2-1-35 输入坐标原点

（8）自动加工

1）点击操作面板上的自动运行键 ■使其指示灯变亮。

2）点击操作面板上的 ■键，程序开始执行，机床开始自动加工。加工结果如图 2-1-36 所示。

图 2-1-36 项目二任务 2 的加工结果

动画
平面刻字
加工仿真
操作

4. 实操加工

（1）图样分析

根据图样加工如图 2-1-1 所示的图形,深度 10 mm 左右两个台阶面、笑脸深度为 0.2 mm。

（2）装夹

本工件采用机用精密平口钳装夹。

（3）机床录入程序方法

机床程序输入的方法有 MDI 键盘输入、网线传输、RS232 接口传输、CF 卡传输、U 盘传输等。在实际传输过程中根据各个数据传输方法的特点、机床现有条件和场地情况选择不同的程序传输方法。

（4）注意事项

1）刻字刀的刀尖角为 6°,过大会引起字体线条过粗,过小在刻字过程中刀尖容易折断,还会引起字体线条太细。

2）刻字刀对刀过程中,一般采用样棒的方法对刀,切记不能用试切的方法对刀,否则会导致刀尖损坏或者字体线条过深。

3）在字体雕刻中,刻字刀刀尖过细,为保证字体的质量,避免刀具折断,主轴转速采用高速切削。

（5）图样分析

根据图样要求,本任务需要完成三项内容:

1）铣削工件 100 mm×100 mm×31 mm 上表面。

2）铣削 100 mm×15 mm×10 mm 台阶面。

3）笑脸轨迹加工。

（6）平面铣削技巧

为了保证平面铣削的顺利进行,在开始铣削之前,应对整个过程有清楚的估计。比如要进行的是粗铣还是精铣?所加工的表面是否将作为基准?铣削过程中表面粗糙度、尺寸精度会有多大变化?另外,还需要正确选择铣刀的切削参数。

用圆柱铣刀进行加工时,有两种不同的铣削方式,即逆铣和顺铣。逆铣指铣刀的旋转方向和工件的进给方向相反,而顺铣则方向相同。两者相比,顺铣更有利于高速切削,更能提高工件表面的加工质量,并有助于工件的夹持;但顺铣对消除工作台进给丝杆和螺母之间的间隙要求较高,并要求工件没有硬皮;因此,在一般情况下,大多采用逆铣进行加工。

圆柱铣刀在选用时应注意铣刀的宽度要大于所铣平面的宽度;螺旋齿圆柱铣刀的螺旋线方向应使铣削时产生的轴向切削力指向主轴承方向。

在立式铣床上铣平面应使用端铣刀。用端铣刀铣平面与用圆柱铣刀铣平面相比,其切削厚度变化较小,同时参与切削的刀齿较多,切削较平稳;端铣刀的主切削刃担负着主要的切削,而副切削刃具有修光的作用,表面加工质量较好;另外端铣刀易于镶装硬质合金刀齿,刀杆比圆柱铣刀的刀杆短,刚性较好,能减少加工中的振动,提高加工质量。因此广泛应用于铣削平面。

（7）刀具安装

加工中心使用的刀具由刀杆、通用刀柄、拉钉三部分组成(刀柄和拉钉型号参考具体设备说明),经组装后方能满足加工需要。在安装刀具时,刀具伸出的长度尽可能短,以增加刀具加工过程中的刚性,但是也不能过短,刀柄夹持在刀具有切削刃处即可。

（8）零件检测

该零件的尺寸检测将用到外径千分尺、深度千分尺、游标卡尺等检测工具。

四、任务评价

按照表 2-1-9 的评分标准进行评价。

表 2-1-9 评 分 标 准

姓名				图号		2-1-1	开工时间		
班级				小组			结束时间		
序号	名称		检测项目	配分		评分标准	测量结果		得分
				IT	$Ra/\mu m$				
1	外形		100 mm×100 mm×30 mm	10	10	超差不得分			
2			$R10$ mm、$R22$ mm、$\phi4$ mm、$\phi8$ mm	10	10	超差不得分			
3	台阶		100 mm×15 mm×10 mm	10	10	超差不得分			
4	深度		0.2 mm	10	10	超差不得分			
5	深度		10±0.05 mm	10	10	超差不得分			
合计				100					

五、拓展训练

完成如图 2-1-37 所示的单线体刻字工件的加工，加工完成后检验工件是否符合要求。

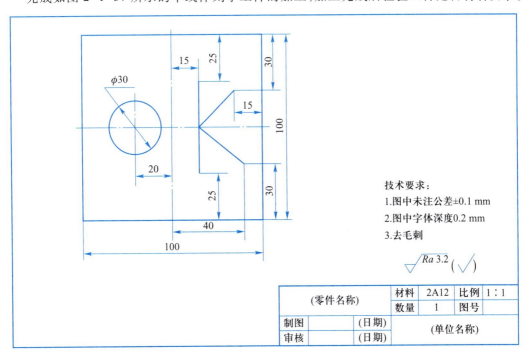

技术要求：
1.图中未注公差±0.1 mm
2.图中字体深度0.2 mm
3.去毛刺

$\sqrt{Ra\,3.2}$ ($\sqrt{}$)

		材料	2A12	比例	1∶1
（零件名称）		数量	1	图号	
制图	（日期）				
审核	（日期）		（单位名称）		

图 2-1-37 单线体刻字的拓展练习

任务 2　内、外轮廓加工

一、任务描述

本任务要求完成如图 2-2-1、图 2-2-2 所示两个工件的加工并实现配合,该任务主要是内、外轮廓加工,利用刀具半径补偿进行外轮廓直线、圆弧的加工等。通过学习掌握立铣刀

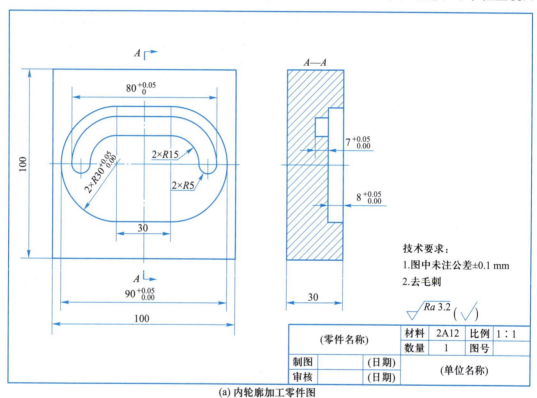

(a) 内轮廓加工零件图

三维动画
内轮廓零件

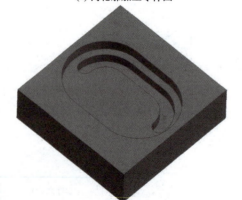

(b) 内轮廓加工立体图

图 2-2-1　项目二任务 2 内轮廓工件

的使用;切削用量的合理选择;切入切出路线的拟定;顺、逆铣对加工精度的影响;加工余量的确定原则等工艺知识;掌握 M98、M99 的子程序编程;掌握 G41、G42、G40 的半径补偿编程指令;掌握 G43、G44、G49 的长度补偿编程指令;掌握轮廓分层切削的加工方法;掌握 G01 斜线下刀插补;G02、G03 螺旋线下刀插补;G43、G44、G49 刀具长度补偿等编程指令;掌握复杂程序在仿真软件及机床中的导入传输,最终通过仿真模拟后实操加工。

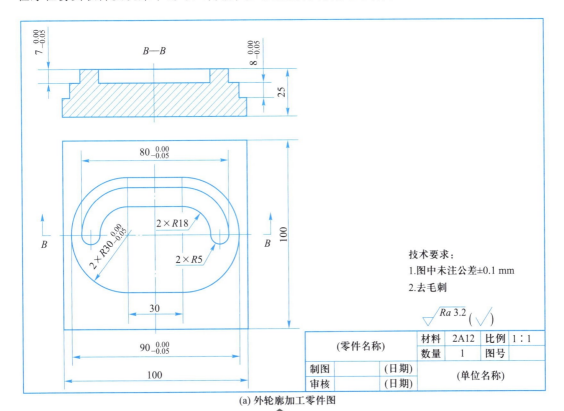

(a) 外轮廓加工零件图

(b) 外轮廓加工立体图

图 2-2-2　项目二任务 2 外轮廓工件

二、相关知识

1. 外轮廓加工常用切入切出路线

在铣削轮廓表面时一般采用立铣刀侧面刃口进行切削。对于二维轮廓加工,通常采用的加工路线为:从起刀点下刀到下刀点→沿切向切入工件→轮廓切削→刀具向上抬刀退离工件→返回起刀点。

1)铣削平面工件外轮廓时,一般采用立铣刀侧刃切削。刀具切入工件时,应避免沿工件外轮廓的法向切入,而应沿切削起始点的延伸线逐渐切入工件,保证工件曲线的平滑过渡。在切离工件时,也应避免在切削终点处直接抬刀,要沿着切削终点延伸线逐渐切离工件,如图 2-2-3 所示。

微课
轮廓切入、切出

动画
铣削外轮廓切入、切出方式

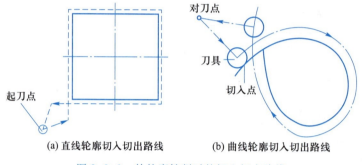

(a) 直线轮廓切入切出路线　　(b) 曲线轮廓切入切出路线

图 2-2-3　外轮廓铣削时的切入切出路线

2)当用圆弧插补方式铣削外整圆时,如图 2-2-4 所示,要安排刀具从切向进入圆周铣削加工,当整圆加工完毕后,不要在切点处直接退刀,而应让刀具沿切线方向多运动一段距离,以免取消刀具补偿时,刀具与工件表面相碰,造成工件报废。

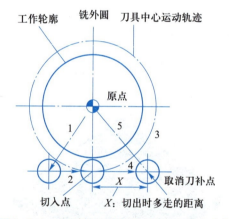

图 2-2-4　外轮廓整圆铣削时的切入切出路线

2. 顺逆铣对加工精度的影响

在铣削加工中,采用顺铣还是逆铣方式是影响加工表面粗糙度的重要因素之一。

1)逆铣法。铣刀的旋转切入方向和工件的进给方向相反(逆向),如图 2-2-5a 所示。

2)顺铣法。铣刀的旋转切入方向和工件的进给方向相同(顺向),如图 2-2-5b 所示。

顺铣法切入时的切削厚度最大,然后逐渐减小到零,避免了在已加工表面的冷硬层上滑走的过程。实践表明,顺铣法可以提高铣刀耐用度 2~3 倍,工件的表面粗糙度值可以降低一些,尤其在铣削难加工材料时,效果更为显著。

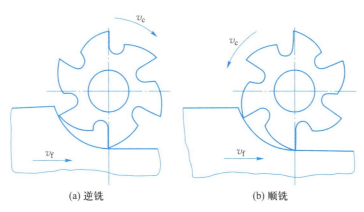

(a) 逆铣　　　　　　　　　(b) 顺铣

图 2-2-5　顺逆铣

逆铣时,每齿所产生的水平分力均与进给方向相反,使铣刀工作台的丝杠与螺母在左侧始终接触。顺铣时,水平分力与进给方向相同,铣削过程中切削面积也是变化的,因此,水平分力也是忽大忽小的。由于进给丝杆和螺母之间不可避免地有一定间隙,故当水平分力超过铣床工作台摩擦力时,使工作台带动丝杆向左窜动,丝杆与螺母传动右侧出现间隙,造成工作台颤动和进给不均匀,严重时会使铣刀崩刃。

一般情况下,尤其是粗加工或是加工有硬皮的毛坯时,多采用逆铣。精加工时,加工余量小,铣削力小,不易引起工作台窜动,可采用顺铣。在逆铣中刀具寿命比在顺铣中短,这是因为在逆铣中产生的热量明显比在顺铣中的高。在逆铣中当切屑厚度从零增加到最大时,由于切削刃受到的摩擦比在顺铣中强,因此会产生更多的热量。逆铣中径向力也明显更高,这对主轴轴承有不利影响。

同时,为了降低表面粗糙度值,提高刀具耐用度,对于铝镁合金、钛合金和耐热合金等材料,尽量采用顺铣加工。但如果工件毛坯为黑色金属锻件或铸件,表皮硬而且余量一般较大,这时采用逆铣较为合理。

3. 加工余量确定

1）尽量采用最小的加工余量总和,以便缩短加工时间,降低工件加工费用。

2）要留有足够的加工余量,保证最后工序的加工余量能得到图样上所规定的精度和表面粗糙度要求。

3）加工余量要与加工工件的尺寸大小相适应,一般来说工件越大加工余量也相应大些。

4）决定加工余量时应考虑到工件热处理引起的变化,以免产生废品。

5）决定加工余量时应考虑加工方法和加工设备的刚性,以免工件发生变形。

4. 内轮廓加工的下刀及进、退刀选择

1）内轮廓加工切入切出位置的选择。铣削封闭的内轮廓表面与铣削外轮廓时的进刀、退刀方式类似,铣削内轮廓时,若内轮廓曲线不允许外延,刀具只能沿内轮廓曲线的法向切入、切出,此时刀具的切入、切出点应尽量选在内轮廓曲线两几何元素的交点处,如图 2-2-6 所示。

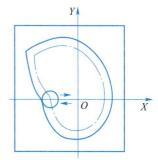

图 2-2-6　有交点内轮廓铣削时刀具切入切出位置

当内部几何元素相切无交点时,为防止刀具补偿取消时在轮廓拐角处留下凹口,刀具切入、切出点应远离拐角,如图 2-2-7 所示。

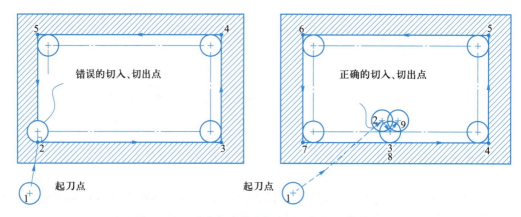

图 2-2-7　无交点内轮廓加工刀具的切入切出位置

2)内轮廓圆弧加工时切入切出路线的选择。当用圆弧插补铣削内圆弧时也要遵循从切向切入、切出的原则,最好安排从圆弧过渡到圆弧的加工路线,提高内孔表面的加工精度和质量,如图 2-2-8 所示。

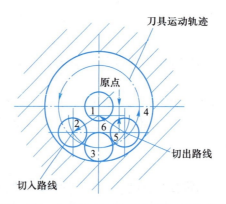

图 2-2-8　内轮廓圆弧加工时的切入切出路线

3)内轮廓加工时铣削走刀路线选择。所谓内轮廓是指以封闭曲线为边界的平底凹槽。一律用平底立铣刀加工,刀具圆角半径应符合内轮廓的图样要求。加工内轮廓型腔的三种进给路线,分别为行切法、环切法和先行切后环切法加工,如图 2-2-9 所示。前两种进给路线的共同点是都能切净内腔中的全部面积,不留死角,不伤轮廓,同时尽量减少重复进给的搭接量。不同点是行切法的进给路线比环切法短,但行切法将在每两次进给的起点与终点间留下残留面积,而达不到所要求的表面粗糙度;用环切法获得的表面质量要好于行切法,但环切法需要逐次向外扩展轮廓线,刀位点计算稍微复杂一些。采用图 c 所示的进给路线,即先用行切法切去中间部分余量,最后用环切法环切一刀光整轮廓表面,既能使总的进给路线较短,又能获得较好的表面质量。

从进给路线的长短比较,行切法要略优于环切法。但在加工小面积型腔时,环切的程序量要比行切小。此外,在铣削加工工件轮廓时,要考虑尽量采用顺铣加工方式,这样可以提

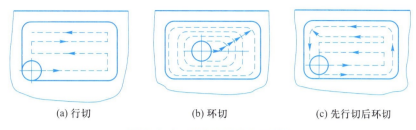

(a) 行切	(b) 环切	(c) 先行切后环切

图 2-2-9　内轮廓铣削走刀路线

高工件表面质量和加工精度,减少机床的"振颤"。要选择合理的进刀、退刀位置,尽量避免沿工件轮廓法向切入和进给中途停顿。进、退刀位置应选在不太重要的位置。

4)内轮廓加工时的下刀方式。在平面轮廓工件的数控加工中,尽量使用工件外面下刀的方法,但是在型腔类内轮廓工件的加工时就必须考虑刀具的下刀方式。下刀方式通常有三种方法,第一种方法是使用预钻孔的方法,在下刀的位置预先加工一个下刀孔,刀具可以在孔位进行下刀到工作深度,然后进行切削加工。第二种方法是斜线下刀,刀具沿着空间斜线切入工件,到达工作深度后进行切削加工。第三种方法是圆弧下刀,刀具沿着三维螺旋线切入工件,切到工作深度。后两种方法省去了预钻孔的加工,节省了时间,提高了工作效率,但是编程难度提高,多用于计算机自动编程,如图 2-2-10 所示。

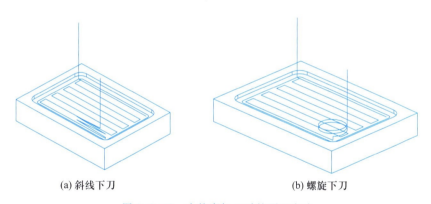

(a) 斜线下刀	(b) 螺旋下刀

图 2-2-10　内轮廓加工时的下刀方法

5)内轮廓加工时的注意事项。

① 根据以上特征和要求,对于内轮廓型腔工件的编程和加工要选择合适的刀具直径,刀具直径太小将影响加工效率,刀具直径太大可能使某些转角处难于切削,或由于岛屿的存在形成不必要的区域。

② 由于圆柱形立铣刀垂直切削时受力情况不好,因此要选择合适的刀具类型,一般可选择双刃的键槽铣刀,并注意下刀方式,可选择斜线下刀或螺旋线下刀,以改善下刀切削时刀具的受力情况。

③ 当刀具在一个连续的轮廓上切削时使用一次刀具半径补偿,刀具在另一个连续的轮廓上切削时应重新使用一次刀具半径补偿,以避免过切或留下多余的凸台。

5. 刀具半径补偿指令 G40、G41、G42

数控机床在实际加工过程中是通过控制刀具中心轨迹来实现切削加工任务的。在编程过程中,为了避免复杂的数值计算,一般按工件的实际轮廓来编写数控程序,但刀具具有一定的半径尺寸,如果不考虑刀具半径尺寸,那么加工出来的实际轮廓就会与图样所要求的轮廓相差一个刀具半径值。因此,采用刀具半径补偿功能来解决这一问题。

微课
刀具半径
补偿

(1)指令格式

$$(G17、G18、G19)\begin{Bmatrix}G00\\G01\end{Bmatrix}\begin{Bmatrix}G41\\G42\end{Bmatrix}X\_ Y\_ (Z\_)D\_;$$

G40;

其中 G41 为刀具半径左补偿,也称为正补偿;G42 为刀具半径右补偿,也称为负补偿。二者的判定方法是:处在补偿平面外另一根轴的正方向,沿刀具的移动方向看,当刀具处在切削轮廓左侧时,称为刀具半径左补偿;当刀具处在切削轮廓的右侧时,称为刀具半径右补偿。G40 为刀具半径补偿取消。G41、G42 为模态指令,可以在程序中保持连续有效。如图 2-2-11 所示,实线为编程路线,虚线为实际的刀具轴心路线。

动画
G41 指令

动画
G42 指令

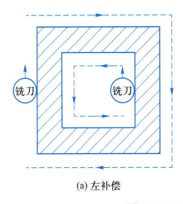

(a) 左补偿

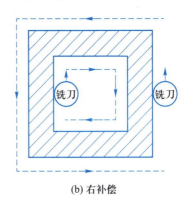

(b) 右补偿

图 2-2-11 刀具半径补偿路线

(2)刀具半径补偿设置方法

指令中的 D 值用于指令偏置存储器的偏置号。在地址 D 所对应的偏置存储器中存入相应的偏置值,即为刀具中心相对于编程路线的偏置量。在机床控制面板上,按 OFFSET 键,进入刀具补偿界面,在所指定的寄存器号内输入刀具半径值即可。

(3)应用举例

使用半径为 5 mm 的刀具加工如图 2-2-12 所示的轨迹,加工深度为 5 mm,加工程序编制如下:

```
O10;                    (程序名)
G55 G90 G01 Z40. F2000;  (程序初始化,刀具抬高 40 mm)
M03 S500;               (主轴正转,转速为 500 r/min)
G01 X-50. Y0;           (到达 X,Y 坐标起始点)
G01 Z-5. F100;          (到达切削深度)
G42 X-10. Y0 D01;       (建立刀具半径右补偿)
X60. Y0;                (逆时针切入轮廓)
G03 X80. Y20. R20.;     (切削轮廓)
G03 X40. Y60. R40.;     (切削轮廓)
G01 X0 Y40.;            (切削轮廓)
```

Y-10.;	（切出轮廓）
G40 X0 Y-40.;	（取消刀具半径补偿）
G00 Z40. F2000;	（Z 向退刀至工件上方 40 mm 处）
M05;	（主轴停转）
M30;	（程序结束）

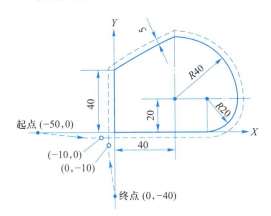

图 2-2-12　刀具半径补偿应用举例

（4）注意事项

1）刀具半径补偿的建立、取消必须在 G00 或 G01 指令段内才有效。

2）刀具半径补偿功能必须在指定平面进行。补偿前需用 G17、G18、G19 指定补偿平面。

3）如采用 G00 运动方式来建立或取消刀具补偿，要采取先建立刀具补偿再下刀和先退刀再取消刀具补偿的编程加工方法。

4）为防止在半径补偿建立与取消过程中，刀具产生过切现象，建立或取消程序段的起始位置与终点位置最好与补偿方向在同一侧。

5）在刀具补偿模式下，一般不允许存在两段以上的非补偿平面内移动指令，否则，刀具会出现过切等危险动作。

6）使用刀具半径补偿功能，注意加工时的顺、逆铣削方式。

7）程序中若有子程序，刀具补偿应在子程序中建立和取消。

（5）刀具半径补偿的应用

1）可以利用刀具半径补偿功能，实现一定范围内轮廓余量的清除。但要注意刀具补偿值加大到一定程度会出现过切现象，内轮廓更为明显。

2）可以用同一程序，对工件进行粗、精加工。偏置值可设为 $D = R + \triangle$（$\triangle$ 为精加工余量）。

3）可以利用刀具半径补偿功能，用同一个程序，加工同一公称尺寸的凹凸型面。加工外轮廓时，将偏置值设为 $+D$，切削外轮廓；将偏置值设为 $-D$，切削内轮廓。多用于配合工件加工。

6. 子程序调用指令 M98、M99

编程时，为了简化程序的编制，当一个工件上有相同的加工内容时，常用调子程序的方法进行编程。调用子程序的程序叫作主程序。子程序的编号与一般程序基本相同，只是程序结束字为 M99 表示子程序结束,并返回到调用子程序的程序中。

（1）子程序调用的指令格式

格式一:M98 P×××× ××××;

其中 P 表示子程序调用情况。P 后共有 8 位数字,前四位为调用次数,省略时表示调用一次,后四位为所调用的子程序号。

格式二:M98 P×××× L××××;

其中 P 表示调用的子程序名字,L 表示调用次数,若 L 省略则调用 1 次。

（2）子程序的应用和调用分类

子程序可以进行一次装夹完成多个相同轮廓形状工件加工;也可以实现工件的分层切削。其调用过程可以分为重复调用和嵌套调用,且重复调用和嵌套调用的次数根据系统不同而有所区别,如图 2-2-13、图 2-2-14 所示。

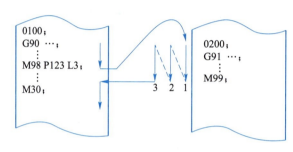

图 2-2-13 子程序的重复调用

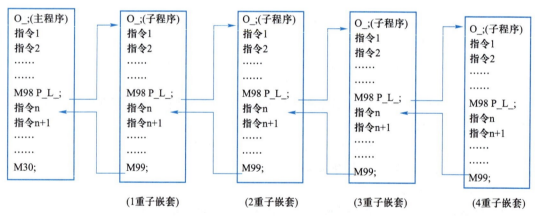

图 2-2-14 子程序的嵌套调用

（3）子程序的应用举例

1）子程序的分层切削加工。

利用子程序完成如图 2-2-15 所示 15 mm 高度凸台的分层切削加工。

O0002;　　　　　　　　　　（主程序）

G90 G94 G80 G40 G49 G21;　　（程序初始化）

G00 X-60. Y0. ;　　　　　　（定位到工件外面 a 点）

G43 G00 Z100. H01;　　　　　（加上长度补偿,Z 向下刀到 100 mm 高度）

G00 Z10;

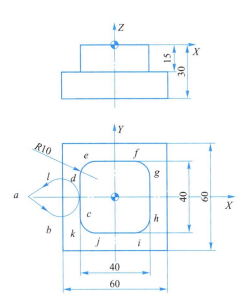

图 2-2-15　子程序分层切削加工工件示例

M03 S800；

G01 Z-5. F100；　　　　　　（Z 向切削第一层，到-5 m 的高度）

M98 P30020；　　　　　　　（调用子程序 O20，3 次）

G90 G49 G01 Z100；　　　　（取消长度补偿）

G00 X0. Y0. ；

Z200. ；

M30；

O20；　　　　　　　　　　　（子程序）

G90 G41 G01 X-40. Y-20. D01；　（a-b 加刀具半径补偿）

G02 X-20. Y0. R20. ；　　　（b-c 圆弧切入）

G01 Y10. ；　　　　　　　　（c-d）

G02 X-10. Y20. R10. ；　　　（d-e）

G01 X10. ；　　　　　　　　（e-f）

G02 X20. Y10. R10. ；　　　（f-g）

G01 Y-10. ；　　　　　　　（g-h）

G02 X10. Y-20. R10. ；　　　（h-i）

G01 X-10. ；　　　　　　　（i-j）

G02 X-20. Y-10. R10. ；　　（j-k）

G01 Y0. ；　　　　　　　　（k-c）

G40 G01 X-40. Y-40. ；　　　（c-l 取消刀具半径补偿）

G91 G01 Z-5. ；　　　　　　（Z 向增量，下刀准备切削第二层）

M99；　　　　　　　　　　　（子程序调用结束，返回调用的位置）

2）子程序加工相同结构工件。

利用子程序完成如图 2-2-16 所示的三个相同尺寸结构凸台的加工。

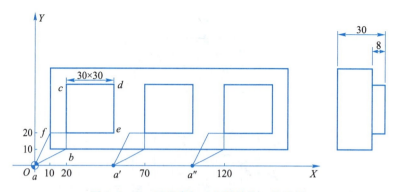

图 2-2-16　子程序加工相同结构工件示例

O0002；	（主程序）

O0002；　　　　　　　　　　（主程序）

G90 G94 G80 G40 G49 G21 G54；（程序初始化）

G00 X0. Y0. ；　　　　　　　（定位到 $a(o)$ 点）

G43 G00 Z10. H01；　　　　　（加上长度补偿并下刀到 10 mm 高度）

M03 S800；

G01 Z-8. F100；　　　　　　（Z 向下刀到凸台底部）

M98 P100；　　　　　　　　（调用子程序加工第一个凸台）

G91 G00 X50. ；　　　　　　（X 增量平移 50 mm 到 a' 点准备加工第二个凸台）

M98 P100；　　　　　　　　（调用子程序准备加工第二个凸台）

G91 G00 X50. ；　　　　　　（增量平移到 a'' 点准备加工第三个凸台）

M98 P100；　　　　　　　　（调用子程序准备加工第三个凸台）

G90 G49 G00 Z200. ；　　　　（取消长度补偿并抬刀到 200 mm 的高度）

M30；

O100；　　　　　　　　　　（子程序）

G91 G41 G01 X20. Y10. D01；　（增量编程 a-b 加刀具半径补偿）

G01 Y40. ；　　　　　　　　（b-c）

G01 X30. ；　　　　　　　　（c-d）

G01 Y-30. ；　　　　　　　（d-e）

G01 X-40. ；　　　　　　　（e-f）

G40 G01 X-10. Y-20. ；　　　（f-a 增量编程，刀具又返回到起点位置）

M99；　　　　　　　　　　（子程序调用结束并返回到调用位置）

（4）子程序调用的特殊用法

1）子程序最后应用 M99　Pn；表示强制改变返回位置，即调用结束后返回调用的程序中（程序段号为 Pn）的某一个指定的程序段。

2）主程序中应用 M99，表示自动返回程序开头并继续执行，形成死循环。

3）子程序最后应用 M99　LXX；表示强制改变重复调用的次数。

7. 螺旋下刀指令 G02、G03

指令格式：G17 G02/G03 X_ Y_ Z_ I_ J_ K_ ；

式中 X_ Y_ Z_ 为终点坐标，I_ J_ 为整圆编程，K_ 为每转一圈轴向下降的距离。

思考:斜线下刀指令该如何书写?

8. 刀具长度补偿指令 G43、G44、G49

使用刀具长度补偿指令,在编程时就不必考虑刀具的实际长度及各把刀具不同的长度尺寸。加工时,用 MDI 方式输入刀具的长度尺寸,即可正确加工。当由于刀具磨损、更换刀具等原因引起刀具长度尺寸变化时,只要修正刀具长度补偿量,而不必调整程序或刀具。

G43 为正补偿,即将 Z 坐标尺寸字与 H 代码中长度补偿的量相加,按其结果进行 Z 轴运动。

G44 为负补偿,即将 Z 坐标尺寸字与 H 中长度补偿的量相减,按其结果进行 Z 轴运动。

G49 为撤销补偿。

编程格式为:

G01 G43/G44 Z_ H_　　（建立补偿程序段）
…　　　　　　　　　　　（切削加工程序段）
G49　　　　　　　　　　（补偿撤销程序段）

程序中 Z_ 为长度补偿量。

H 为刀具长度补偿代号地址字,后面一般用两位数字表示代号,代号与长度补偿量一一对应。刀具长度补偿量可用 CRT/MDI 方式输入。如果用 H00 则取消刀具长度补偿。如图 2-2-17 中所示,G43 使刀具相对于程序指定点抬高一个 H 的值,G44 使刀具相对于程序指定点降低一个 H 的值。

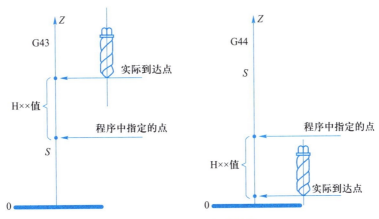

图 2-2-17　刀具长度补偿

三、任务实施

1. 工艺分析

（1）零件加工内容及结构分析

该组零件为方形零件,且两个零件为凹凸配合件,零件材料均为 2A12 的硬铝,如图 2-2-1、图 2-2-2 所示。外轮廓零件中有一个圆头凸台,凸台上有一个凹形凸台,内轮廓零件中有一个圆头型腔,型腔中有一个凹槽,刚好与外轮廓形状吻合。且内外轮廓配合,尺寸精度要求较高,虽然零件结构较为简单,但加工时尺寸的控制至关重要。毛坯选用 100 mm×100 mm×31 mm 的方料。

（2）精度分析

1）尺寸精度分析：内、外轮廓中零件尺寸精度要求较高，外轮廓主要配合尺寸取下差，公差为 0.05 mm，内轮廓主要配合尺寸取上差，公差为 0.05 mm，深度尺寸要求一样，其他尺寸没有具体的精度要求，采用自由公差保证即可。

2）形位公差分析：该组零件无具体形位公差要求，工艺安排较简单，加工、测量时无须考虑特殊要求，满足零件的一般使用性能即可。

3）表面粗糙度分析：该组零件的表面粗糙度要求较高均为 $Ra3.2$ μm，加工时要粗精分开，并选择合适的精加工余量。

（3）零件装夹分析

该零件因无形位公差要求，且为方料，故零件装夹较为简单，采用平口钳加垫铁支撑装夹，并以工件前后两个侧面为 Y 向定位基准，以工件底面为 Z 向定位基准即可满足加工要求。

（4）工件坐标系分析

因该零件属于基本对称工件，为便于各个孔的加工及坐标计算，故其工件坐标系的原点设置在工件上表面中心处。

（5）加工顺序及进给路线分析

1）外轮廓加工刀具轨迹。外轮廓下凸台的走刀轨迹如图 2-2-18 所示，$a-b-c-d-e-f-g-c-h-a$ 采用圆弧切入的方式，进行凸台的加工，并且采用改刀具补偿的方式去除周边余量。

外轮廓上凸台的走刀轨迹如图 2-2-19 所示，$a-b-c-d-e-f-g-h-i-j-k-c-l-a$ 采用圆弧切入的方式，进行凸台的加工，并且采用改刀具补偿的方式去除周边余量，凸台前面的大部分余量可采用行切的方式去除。

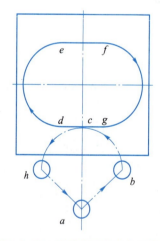

图 2-2-18 外轮廓下凸台走刀轨迹

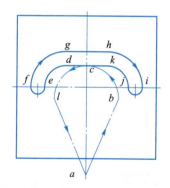

图 2-2-19 外轮廓上凸台走刀轨迹

2）内轮廓加工刀具轨迹。内轮廓上型腔的走刀轨迹如图 2-2-20 所示，$a-b-c-d-e-f-g-c-h-a$ 采用圆弧切入的方式，进行内型腔的加工，并且采用改刀具补偿的方式去除周边余量，但刀具补偿值不可无限加大，否则会过切，中间刀具补偿无法去掉的余量改用手动或编程行切去除即可。

内轮廓下型腔的走刀轨迹如图 2-2-21 所示，$a-b-c-d-e-f-g-h-i-j-k-c-l-a$ 采用圆弧切入的方式，进行内型腔的加工，因型腔槽较小，余量在轮廓加工中即可去除。

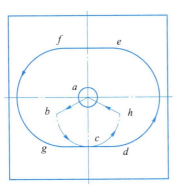

图 2-2-20　内轮廓上型腔走刀轨迹

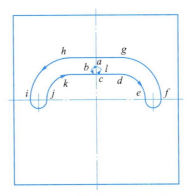

图 2-2-21　内轮廓下型腔走刀轨迹

（6）加工刀具分析

加工该组零件时,内、外轮廓主要采用键槽铣刀加工,外轮廓可从工件外部下刀,而内轮廓需从工件上方采用斜线或螺旋线下刀,所以下刀时进给速度不可过大,具体刀具选择见表 2-2-1 的刀具卡片。

表 2-2-1　刀具卡片

工件名称				工件图号	2-2-1、2-2-2	
序号	刀具号	刀具规格名称	数量	刀长/mm	加工内容	刀具材料
1	T01	$\phi80$ mm 面铣刀	1	50	铣端面	硬质合金
2	T02	$\phi8$ mm 键槽铣刀	1	70	内轮廓加工	高速钢
3	T03	$\phi12$ mm 键槽铣刀	1	80	外轮廓加工	高速钢

（7）切削用量选择

根据前期工艺分析,根据轮廓粗铣、精铣及刀具材料和工件材料、尺寸精度及表面质量要求,结合切削用量选择原则,该任务的切削用量选择见表 2-2-2 的加工工艺卡片。

表 2-2-2　外轮廓工件加工工艺卡片

工件名称		工件图号		2-2-1	夹具名称	机用虎钳
工序	名称	工艺要求		使用设备		
1	备料	100 mm×100 mm×31 mm 方料一块 材料 2A12 铝合金		主轴转速 $n/(\text{r/min})$	进给速度 $f/(\text{mm/min})$	切削深度 a_{p}/mm
2	加工中心	工步	工步内容	刀具号		
		1	铣端面（MDI 或手动方式）	T01	2 000	180	1
		2	粗铣上凸台轮廓	T03	800	100	3.5
		3	粗铣下凸台轮廓	T03	800	100	2
		4	精铣上凸台轮廓	T03	1 000	80	7
		5	精铣上凸台轮廓	T03	1 000	80	8
3	检验					

（8）建议采取工艺措施

为保证零件表面粗糙度要求,故建议采取粗精加工分开的方式进行加工。粗加工时采用分层切削,且加工完成后应留较小的精加工余量,如 0.2 mm 左右,通过刀具补偿值控制,并在粗加工结束后根据实际测量的尺寸,决定刀具补偿值的修改。精加工时不用分层切削,采用一刀切深 10 mm 的方法保证凸台和型腔的表面质量,因内轮廓需从工件上方下刀,所以不管采用斜线下刀还是螺旋线下刀,进给速度应适当减小避免断刀。

具体的工序卡片见表 2-2-2、表 2-2-3。

表 2-2-3　内轮廓工件加工工艺卡片

工件名称			工件图号		2-2-2	夹具名称	机用虎钳
工序	名称		工艺要求		使用设备		
1	备料	100 mm×100 mm×31 mm 方料一块 材料 2A12 铝合金			主轴转速 $n/(\text{r/min})$	进给速度 $f/(\text{mm/min})$	切削深度 a_p/mm
2	加工中心	工步	工步内容	刀具号			
		1	铣端面(MDI 或手动方式)	T01	2 000	180	1
		2	粗铣上型腔轮廓	T02	800	100	2
		3	粗铣下型腔轮廓	T02	800	100	3.5
		4	精铣上型腔轮廓	T02	1 000	808	8
		5	精铣上型腔轮廓	T02	1 000	80	7
3	检验						

2. 程序编制

项目二任务 2 内轮廓的参考程序见表 2-2-4、表 2-2-5。项目二任务 2 外轮廓的参考程序见表 2-2-6、表 2-2-7。

表 2-2-4　项目二任务 2(上型腔轮廓)的参考程序

程序段号	FANUC 0i 系统程序	程序说明(螺旋下刀加工)
	O0001;	主程序名
N10	G90 G94 G21 G40 G54 F100;	程序初始化
N20	M03 S800;	主轴正转,转速为 800 r/min
N30	G00Z5.;	Z 向定位到安全高度
N40	G00X-4.Y0.;	快速定位至起刀点
N50	G01Z0F50.;	Z 向定位到工件表面
N60	M98P2L8;	调用 2 号子程序 8 次
N70	G90G03X-4.Y0.I4.J0;	精修螺旋孔底面
N80	G90G00Z20.;	Z 向退刀至工件上方 20 mm 处
N90	M30;	程序结束

续表

程序段号	FANUC 0i 系统程序	程序说明(螺旋下刀加工)
N10	O0002;	子程序名(螺旋线下刀)
N20	G91G03X0.Y0I4.J0Z−1.F100;	Z 向螺旋切削,深度为 1 mm
N30	M99;	子程序结束
	O0003;	主程序名
N10	G90 G94 G21 G40 G54 F100;	程序初始化
N20	M03 S800;	主轴正转,转速为 800 r/min
N30	G00Z5.;	Z 向定位到安全高度
N40	G00X0.Y0.;	快速定位至起刀点
N50	G01Z0F50.;	Z 向定位到工件表面
N60	M98P4L4;	调用 4 号子程序 4 次
N70	G90G00Z20.;	Z 向退刀至工件上方 20 mm 处
N80	M30;	程序结束
	O0004;	子程序名
	G91G01Z−2.F50;	Z 向切削,深度为 2 mm
N10	G90G41G01X−20.Y−10.D01F100;	建立左刀具补偿,a−b
N40	G03X0Y−30.R20.;	圆弧切入,b−c
N50	G01X15.;	c−d
N60	G03X15.Y30.R30.;	d−e
N70	G01X−15.;	e−f
N80	G03X−15.Y−30.R30.;	f−g
N90	G01X0;	g−c
N100	G03X20.Y−10.R20.;	圆弧切出,c−h
N110	G40G01X0Y0;	取消刀具补偿,h−a
N120	M99;	子程序结束

表 2-2-5　项目二任务 2(下型腔轮廓)的参考程序

程序段号	FANUC 0i 系统程序	程序说明
	O0005;	主程序名
N10	G90 G94 G21 G40 G54 F100;	程序初始化
N20	M03 S800;	主轴正转,转速为 800 r/min
N30	G00Z5.;	Z 向定位到安全高度

续表

程序段号	FANUC 0i 系统程序	程序说明
N40	G00X0. Y20. ;	快速定位至起刀点
N50	G01Z-8. F50. ;	Z 向定位到深度 8 mm 平面处
N60	M98P6L2;	调用 6 号子程序 2 次
N70	G90G00Z20. ;	Z 向退刀至工件上方 20 mm 处
N80	M30;	程序结束
	O0006;	子程序名
N10	G91G01Z-3.5F50;	Z 向切削,深度为 3.5 mm
N20	G90G41G01X-5. D01F100;	建立左刀具补偿,$a-b$
N30	G03X0Y15. R5. ;	圆弧切入,$b-c$
N40	G01X15. ;	$c-d$
N50	G02X30. Y0R15. ;	$d-e$
N60	G03X40. Y0R5. ;	$e-f$
N70	G03X15. Y25. R25. ;	$f-g$
N80	G01X-15. ;	$g-h$
N90	G03X-40. Y0R25. ;	$h-i$
N100	G03X-30. Y0R5. ;	$i-j$
N110	G02X-15. Y15. R15. ;	$j-k$
N120	G01X0;	$k-c$
N130	G03X5. Y20. R5. ;	$c-l$
N140	G40G01X0Y20. ;	$l-a$
N150	M99;	子程序结束

表 2-2-6　项目二任务 2(上凸台轮廓)的参考程序

程序段号	FANUC 0i 系统程序	程序说明
	O0001;	主程序名
N10	G90 G94 G21 G40 G54 F100;	程序初始化
N20	M03 S800;	主轴正转,转速为 800 r/min
N30	G00Z5. ;	Z 向定位到安全高度
N40	G00X0. Y-62. ;	快速定位至起刀点
N50	G01Z0F50. ;	Z 向定位到工件表面
N60	M98P2L2;	调用 2 号子程序 2 次

程序段号	FANUC 0i 系统程序	程序说明
N70	G90G00Z20.;	Z 向退刀至工件上方 20 mm 处
N80	M30;	程序结束
N10	O0002;	子程序名
N20	G91G01Z−3.5F50;	Z 向切削,深度为 3.5 mm
N30	G90G41G01X20.Y−5.D01F100;	建立左刀具补偿,a−b
N40	G03X0Y15.R20.;	圆弧切入,b−c
N50	G01X−15.;	c−d
N60	G03X−30.Y0R15.;	d−e
N70	G02X−40.Y0R5.;	e−f
N80	G02X−15.Y25.R25.;	f−g
N90	G01X15.;	g−h
N100	G02X40.Y0R25.;	h−i
N110	G02X30.Y0R5.;	i−j
N120	G03X15.Y15.R15.;	j−k
N130	G01X0;	k−c
N140	G03X−20.Y−5.R20.;	圆弧切出,c−l
N150	G40G01X0Y−62.;	取消刀具补偿,l−a
N160	M99;	子程序结束

表 2-2-7 项目二任务 2(下凸台轮廓)的参考程序

程序段号	FANUC 0i 系统程序	程序说明
	O0003;	主程序名
N10	G90 G94 G21 G40 G54 F100;	程序初始化
N20	M03 S800;	主轴正转,转速为 800 r/min
N30	G00Z5.;	Z 向定位到安全高度
N40	G00X0.Y−62.;	快速定位至起刀点
N50	G01Z−7.F50.;	Z 向定位到深度 7 mm 平面处
N60	M98P4L4;	调用 4 号子程序 4 次
N70	G90G00Z20.;	Z 向退刀至工件上方 20 mm 处
N80	M30;	程序结束
N10	O0004;	子程序名

续表

程序段号	FANUC 0i 系统程序	程序说明
N20	G91G01Z−2. F50；	Z 向切削,深度为 2 mm
N30	G90G41G01X20. Y−50. D01F100；	建立左刀具补偿,$a-b$
N40	G03X0Y−30. R20. ；	圆弧切入,$b-c$
N50	G01X−15. ；	$c-d$
N60	G02X−15. Y30. R30. ；	$d-e$
N70	G01X15. ；	$e-f$
N80	G02X15. Y−30. R30. ；	$f-g$
N90	G01X0；	$g-c$
N100	G03X−20. Y−50. R20. ；	圆弧切出,$c-h$
N110	G40G01X0Y−62. ；	取消刀具补偿,$h-a$
N120	M99；	子程序结束

注意:以上参考程序均为精加工程序,可以通过修改刀具补偿、编写程序、手动操作等方式完成余料去除。

3. 仿真加工

（1）加工技术要求

毛坯尺寸:100×100×31 mm

材料:2A12 铝

加工刀具:ϕ80 mm 端铣刀、ϕ12 mm 键槽铣刀、ϕ8 mm 键槽铣刀

夹具:机用虎钳

（2）内、外轮廓刀具补偿参数设定

1）在 MDI 键盘上按 [OFFSET SETTING] 工具补正键进入刀具补偿参数设定界面,如图 2−2−22 所示。

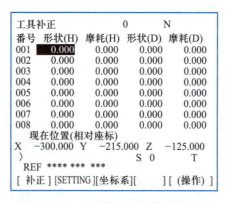

图 2−2−22　内轮廓刀具补偿参数设定

2）用方位键 ↑、↓ 选择所需要的番号 001,并用方位键 ←、→ 将光标移动到形状（D）区域内。

3）在 MDI 键盘上输入"4. 200",按 [INPUT] 键,将内轮廓刀具半径补偿参数输入到指定区域

内,留 0.2 mm 的精加工余量,外轮廓加工时,输入"6.200",按 [INPUT] 键,将外轮廓刀具半径补偿参数输入到指定区域内,留 0.2 mm 的精加工余量,如图 2-2-23、图 2-2-24 所示。

图 2-2-23　内轮廓刀具半径补偿　　　　图 2-2-24　外轮廓刀具半径补偿

(3) 对刀参数设定,毛坯、刀具选择

内外轮廓加工时的对刀参数设定、毛坯选择、刀具选择等如任务 1 平面刻字加工,这里不再赘述。

(4) 程序导入

数控程序可以通过记事本或写字板等编辑软件输入并保存为文本格式(*.txt 格式)文件后导入机床进行加工,操作步骤如下:

步骤一:点击操作面板上的编辑键 [图],编辑状态指示灯变亮 [图],此时已进入编辑状态。按 MDI 键盘上的 [PROG],CRT 界面转入编辑页面。再按菜单软键"操作",在出现的下级子菜单中按软键 [▶],按菜单软键 READ,按 MDI 键盘上的数字/字母键,输入"O×"(×为任意不超过四位的数字),按软键 EXEC,出现"标头 SKP"提示,如图 2-2-25 所示。

步骤二:选择"机床"→"DNC 传送"选项,在弹出的对话框(如图 2-2-26 所示)中选择所需的 NC 程序,单击"打开"按钮,则数控程序被导入并显示在 CRT 界面上。

如果有多个程序,重复步骤一和步骤二就可以将主程序和子程序录入到机床中。

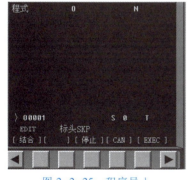

图 2-2-25　程序导入

图 2-2-26　DNC 传送

(5) 工件尺寸测量

测量图 2-2-1 所示工件的内轮廓尺寸 80 mm 下型腔体。

1) 选择"测量"→"剖面图测量"选项,弹出如图 2-2-27 所示的工件测量界面。

2) 测量下型腔尺寸。选择对话框:内卡→水平测量→两点测量→自动测量→视图放大(鼠标左键框选将图放大到合适尺寸)→视图保持→坐标系 G54→测量平面 XY→测量平面

Z—11（轮廓在工件上表面 1~4 之间），光标拖动两端粉色或黄色箭头到要测量位置的附近，在读数框内显示出测量结果 读数：[　　80.000　]mm，如图 2-2-27 所示。

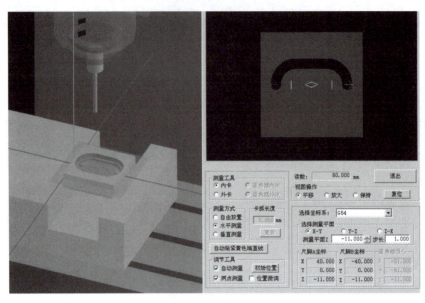

图 2-2-27　工件测量界面

（6）加工结果

加工结果如图 2-2-28 所示。

仿真
内轮廓加
工仿真
操作

仿真
外轮廓加
工仿真
操作

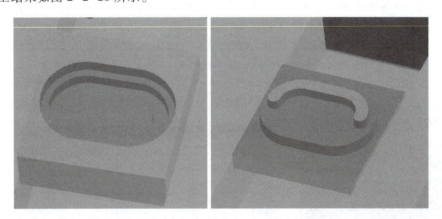

图 2-2-28　项目二任务 2 的加工结果

4. 实操加工

（1）图样分析

根据图样要求，本任务需要完成内、外轮廓两个配合件的加工内容。

（2）装夹

本工件采用机用精密平口钳装夹。

（3）内、外轮廓加工技巧

1）在加工中心上进行轮廓加工，应尽量采用顺铣，以提高加工工件的表面质量。

2）外轮廓加工时必须在工件外下刀，避免在工件上下刀。

3）可利用 G41/G42 互换等效的功能进行不同大小轮廓的加工。

4）轮廓加工采用直线或圆弧切入/切出的方法进入工件。

5）工件加工完成后查看是否清理干净。

（4）余量去除方法。余量去除的方法有手动去除、编写程序去除、采用刀具补偿值去除等方法。采用刀具补偿值去除余量的方法是利用改变刀具补偿值的大小来放大或缩小刀具轨迹,进而实现清除余料的目的,但要注意无限加大刀具补偿值会出现补偿错误引起工件过切。

（5）零件检测。该内外轮廓检测将用到外径千分尺、内径千分尺、游标卡尺、深度尺、尺规等检测工具。

四、任务评价

按照表 2-2-8、表 2-2-9 内外轮廓评分标准进行评价。

表 2-2-8　内轮廓评分标准

姓名				图号	2-2-1	开工时间	
班级				小组		结束时间	
序号	名称	检测项目/mm	配分		评分标准	测量结果	得分
			IT	$Ra/\mu m$			
1	型腔	$80_0^{+0.05}$	10	5	超差不得分		
		$90_0^{+0.05}$	10	5	超差不得分		
		$R5$	5	5	超差不得分		
		$R15$	5	5	超差不得分		
		$R25$、$R30$	5	5	超差不得分		
2	深度	$8_0^{+0.05}$	15	5	超差不得分		
		$7_0^{+0.05}$	15	5	超差不得分		
合计			100				

表 2-2-9　外轮廓评分标准

姓名				图号	2-2-2	开工时间	
班级				小组		结束时间	
序号	名称	检测项目/mm	配分		评分标准	测量结果	得分
			IT	$Ra/\mu m$			
1	外形	$80_{-0.05}^{0}$	10	5	超差不得分		
		$90_{-0.05}^{0}$	10	5	超差不得分		
		$R5$	5	5	超差不得分		
		$R15$	5	5	超差不得分		
		$R25$、$R30$	5	5	超差不得分		
2	深度	$8_{-0.05}^{0}$	15	5	超差不得分		
		$7_{-0.05}^{0}$	15	5	超差不得分		
合计			100				

五、拓展训练

完成如图 2-2-29 所示内外轮廓配合工件的加工,加工完成后检验工件是否符合要求。

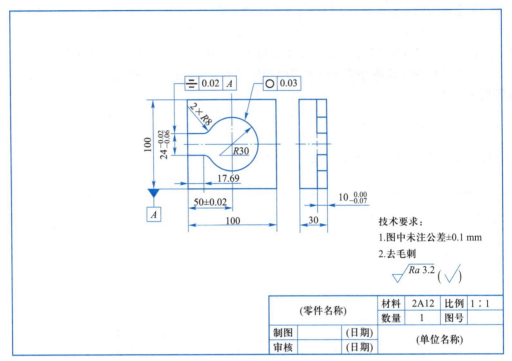

(a) 外轮廓零件图

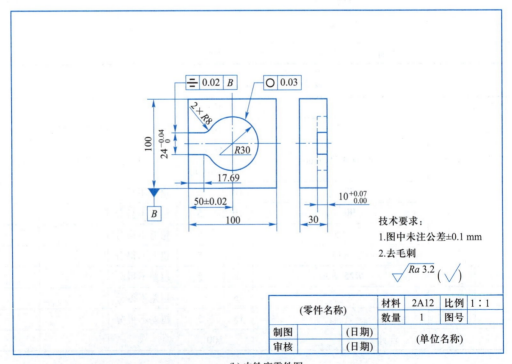

(b) 内轮廓零件图

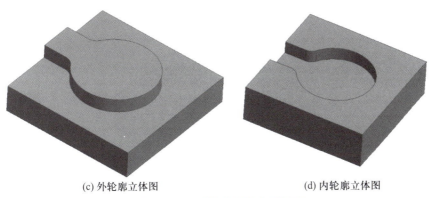

(c) 外轮廓立体图　　　　　　　(d) 内轮廓立体图

图 2-2-29　内外轮廓的拓展练习

任务 3　槽类型腔类零件加工

一、任务描述

本任务要求完成如图 2-3-1 所示工件的加工,该任务主要是各种槽、型腔的加工。通过学习掌握槽类工件的分类及刀具选择,切槽时的走刀路线选择等工艺知识;掌握 G68、G69 等简化编程的相关指令,并最终通过仿真、实操完成槽及型腔的加工任务。

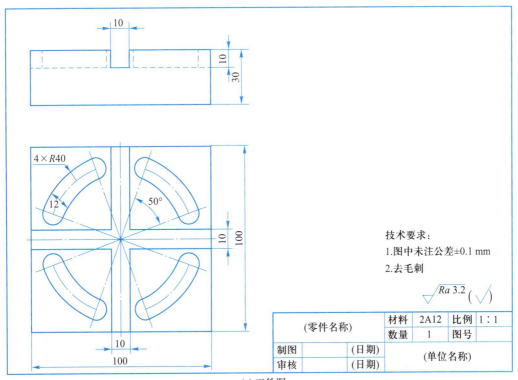

技术要求:
1.图中未注公差±0.1 mm
2.去毛刺

$\sqrt{Ra\,3.2}\ (\sqrt{})$

(零件名称)		材料	2A12	比例	1:1
		数量	1	图号	
制图	(日期)				
审核	(日期)		(单位名称)		

(a) 工件图

(b) 实体图

图 2-3-1 项目二任务 3 工件

二、相关知识

1. 槽类工件的分类及加工刀具简介

如图 2-3-2 所示,直角沟槽有敞开式、半封闭式和封闭式三种。敞开式直角沟槽通常用三面刃铣刀加工;封闭式直角沟槽一般采用立铣刀或键槽铣刀加工;半封闭直角沟槽则须根据封闭端的形式,采用不同的铣刀进行加工。

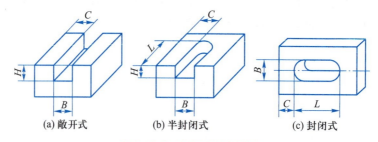

(a) 敞开式   (b) 半封闭式   (c) 封闭式

图 2-3-2 直角沟槽的种类

2. 切槽时的走刀路线

槽类工件加工时通常有两种走刀路线,即中心轨迹法加工和轮廓轨迹法加工。当采用中心轨迹法加工时,槽的宽度由刀具的直径保证,且槽的两侧面一边为顺铣,一边为逆铣;当采用轮廓加工法时,槽的加工相当于内轮廓加工,通过设定刀具半径补偿来控制粗精加工余量。且槽的两侧面顺逆铣状态相同,但应特别注意刀具补偿建立和取消时的位置及路线,避免过切和欠切。

3. 封闭式直角沟槽的铣削

封闭式直角沟槽一般都采用立铣刀或键槽铣刀来加工。加工时应注意以下几点:

1)校正后的沟槽方向应与进给方向一致。

2)立铣刀适宜加工两端封闭、底部穿通及槽宽精度要求较低的直角沟槽,如各种压板上的穿通槽等。由于立铣刀的端面切削刃不通过中心,因此,加工封闭式直角沟槽时,要在起刀位置预钻落刀孔。立铣刀的强度及铣削刚度较差,容易产生"让刀"现象或折断,使槽壁在深度方向出现斜度,所以,加工较深的槽时应分层铣削,进给量要比三面刃铣刀小一些。

3）对于尺寸较小、槽宽要求较高及深度较浅的封闭式直角沟槽,可采用键槽铣刀加工。铣刀的强度、刚度都较差时,应考虑分层铣削。分层铣削时应在槽的一端吃刀,以减小接刀痕迹。

4. 简化编程——坐标旋转指令介绍

该指令可使编程图形按照指定旋转中心及旋转方向旋转一定的角度,G68 表示开始坐标系旋转,G69 用于撤销旋转功能。

微课
坐标旋转
指令

（1）指令格式

G17 G68 X_ Y_ R_;

...

G69;

X、Y 后面的数值表示旋转中心的坐标值（可以是 X、Y、Z 中的任意两个,它们由当前平面选择指令 G17、G18、G19 中的一个确定）。当 X、Y、Z 省略时,G68 指令认为当前的位置即为旋转中心。

R 后面的数值表示旋转角度,逆时针旋转定义为正方向,顺时针旋转定义为负方向。第一轴的正向为零度方向,当 R 省略时,按系统参数确定旋转角度,不足 1° 时以小数表示。

当程序在绝对方式下时,G68 程序段后的第一个程序段必须使用绝对方式移动指令,才能确定旋转中心。如果这一程序段为增量方式移动指令,那么系统将以当前位置为旋转中心,按 G68 给定的角度旋转坐标。

（2）应用举例

用坐标系旋转指令编写如图 2-3-3 所示方形凸台的加工程序,台高 5 mm。

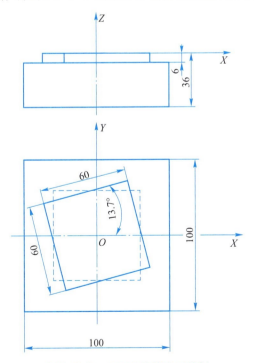

图 2-3-3　坐标系旋转应用举例

```
O0002；
G54 G90 G40 G49 G69 G15；
M03 S1000 F150；
G00 X-80. Y-80. ；
G43 G00 Z100. H01；
G00 Z5. ；
G01 Z-5. ；
G68 X0. Y0. R13.7；
G41 G01 X-30. Y-60. D01 F100；
Y30. ；
X30. ；
Y-30. ；
X-60. ；
G40 X-80. Y-80. ；
G69；
G01 Z10. ；
G49 G00 Z100. ；
M30；
```

思考：坐标系旋转指令中旋转角度 R 参数能不能够用补角互换？

（3）坐标系旋转编程说明

1）坐标系旋转指令镜像后，坐标系旋转方向相反。

2）当程序在绝对方式下时，G68 程序段后的第一个程序段必须使用绝对方式移动指令，才能确定旋转中心。如果这一程序段为增量方式移动指令，那么系统将以当前位置为旋转中心，按 G68 给定的角度旋转坐标。

3）坐标系旋转取消指令 G69 运行以后的第一个移动指令必须用绝对值指定，如果用增量值指令，移动将出现错误。

4）在旋转状态下不能用返参指令和坐标系设定的相关指令。如 G27～G29，G53～G59，G92 等。

5）旋转角度可以用增量方式表示，但不参与缩放。

6）在取消相关指令时，必须按刀具补偿 G40→坐标系旋转 G69→比例缩放 G50→程序镜像 G50.1 的顺序执行。

三、任务实施

1. 工艺分析

（1）零件加工内容及结构分析

该零件为方形零件，零件材料为 2A12 的硬铝。零件中央有一个十字形开口直槽，深度为 10 mm；四角均布了四个宽度为 12 mm 的圆弧型腔，深度均为 10 mm，无行位公差及尺寸公差要求，结构较为简单，毛坯可选用 100 mm×100 mm×31 mm 的方料。

（2）精度分析

1）尺寸精度分析：该零件尺寸精度要求一般，均采用自由公差保证即可。

2）形位公差分析：该零件无具体形位公差要求，工艺安排较简单，加工、测量时无须考虑特殊要求,满足零件的一般使用性能即可。

3)表面粗糙度分析:该零件所有表面粗糙度要求较高均为 $Ra3.2\ \mu m$,需采用粗精加工并注意切削用量及切削液的选择方可满足要求。

(3)零件装夹分析

该零件因无形位公差要求,且为方料,故零件装夹较为简单,采用平口钳加垫铁支撑装夹,并以工件前后两个侧面为 Y 向定位基准,以工件底面为 Z 向定位基准即可满足加工要求,但要注意中间十字槽的深度,在装夹时要高出平口钳的钳口,以免铣削过程中刀具与钳口的干涉碰撞。

(4)工件坐标系分析

因该零件属于对称工件,为便于装夹找正及坐标计算,故其工件坐标系的原点设置在工件上表面中心处。

(5)加工顺序及进给路线分析

1)十字槽走刀路线如图 2-3-4 所示,采用带刀具补偿的轮廓轨迹法加工,更容易保证槽的轮廓尺寸。

2)圆弧型腔走刀路线如图 2-3-5 所示,和内轮廓的加工方法类似,采用带刀具补偿的轮廓轨迹法实现,图中给出了右下角型腔的走刀轨迹,其余型腔轨迹类似,可用坐标旋转指令实现。型腔加工时 Z 向下刀与内轮廓加工相同,注意选用较小的进给速度,并考虑采用斜线下刀或螺旋下刀为宜。该型腔尺寸较小,轮廓加工后基本余量已经去完,但要注意大型腔铣削时余量的去除。

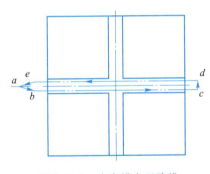 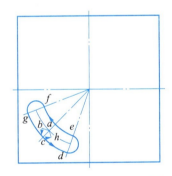

图 2-3-4　十字槽走刀路线　　　　图 2-3-5　圆弧型腔走刀路线

(6)加工刀具分析

加工该零件主要采用键槽铣刀完成,因十字槽和圆弧型腔结构较小,且采用轮廓轨迹加工,因此刀具直径不宜过大,应小于槽宽和型腔宽度。具体刀具选择见表 2-3-1 的刀具卡片。

表 2-3-1　刀具卡片

工件名称				工件图号	2-3-1	
序号	刀具号	刀具规格名称	数量	刀长/mm	加工内容	刀具材料
1	T01	$\phi80$ mm 面铣刀	1	120	铣端面	硬质合金
2	T02	$\phi8$ mm 键槽铣刀	1	75	十字槽和圆弧型腔	高速钢

（7）切削用量选择

根据前期工艺分析，根据槽类工件和型腔类工件特点，结合刀具材料和工件材料、尺寸精度及表面质量要求等，并考虑切削用量选择原则，该任务的切削用量选择见表2-3-2的工序卡片。

表 2-3-2　工序卡片

工件名称			工件图号		2-3-1	夹具名称	机用虎钳
工序	名称	工艺要求			使用设备		
1	备料	100 mm×100 mm×31 mm 方料一块 2A12 铝合金			主轴转速 $n/(r/min)$	进给速度 $f/(mm/min)$	切削深度 a_p/mm
2	加工中心	工步	工步内容	刀具号			
		1	铣端面(MDI 或手动方式)	T01	2 000	180	1
		2	粗铣十字槽	T02	800	100	2.5
		3	粗铣圆弧型腔	T02	800	100	2.5
		4	精铣十字槽	T02	1 000	80	10
		5	精铣圆弧型腔	T02	1 000	80	10
3	检验						

（8）建议采取工艺措施

为保证槽的轮廓尺寸及精度，建议采用轮廓轨迹法加工，如果槽的表面质量要求不高，则采用中心轨迹法，由刀具直径保证槽宽则更为简便。内型腔加工是内轮廓加工的一种，需要特别强调的是下刀时必须选用键槽铣刀，且选择较小的 Z 向下刀速度，最好选择斜线或螺旋线下刀，避免选择垂直下刀，避免刀具的折断。具体工序卡片制定如表2-3-2所示。

2. 程序编制

项目二任务3（十字槽）参考程序见表2-3-3。项目二任务3（圆弧型腔）参考程序见表2-3-4。

表 2-3-3　项目二任务 3（十字槽）参考程序

程序段号	FANUC 0i 系统程序	程序说明
	O0001;	主程序名
N10	G90 G94 G21 G40 G54 F100;	程序初始化
N20	M03 S800;	主轴正转，转速为 800 r/min
N30	G00Z5.;	Z 向定位到安全高度
N40	G00X-60.Y0;	快速定位至起刀点
N50	G01Z0F50;	Z 向定位到工件表面
N60	M98P2L4;	调用 2 号子程序 4 次
N70	G90G00Z20.;	Z 向退刀至工件上方 20 mm 处

程序段号	FANUC 0i 系统程序	程序说明
N80	G68X0Y0R90. ;	旋转 90°
N90	G00X−60. Y0 ;	快速定位至起刀点
N100	G01Z0F50 ;	Z 向定位到工件表面
N110	M98P2L4 ;	调用 2 号子程序 4 次
N120	G90G00Z20. ;	Z 向退刀至工件上方 20 mm 处
N130	G69 ;	取消旋转指令
N140	M30 ;	程序结束
	O0002 ;	子程序名
N10	G91G01Z−2.5F50 ;	Z 向切削，深度为 2.5 mm
N20	G90G41G01X−55. Y−5. D01F100 ;	建立刀具补偿, a−b
N30	G01X55. ;	b−c
N40	Y5. ;	c−d
N50	X−55. ;	d−e
N60	G40G01X−60. Y0 ;	取消刀具补偿, e−a
N70	M99 ;	子程序结束

表 2-3-4　任务 3（圆弧型腔）参考程序

程序段号	FANUC 0i 系统程序	程序说明
	O0003 ;	主程序名
N10	G90 G94 G21 G40 G54 F100 ;	程序初始化
N20	M03 S800 ;	主轴正转，转速为 800 r/min
N30	G00Z5. ;	Z 向定位到安全高度
N40	G00X−28.26Y−28.3 ;	快速定位至起刀点
N50	G01Z0F50 ;	Z 向定位到工件表面
N60	M98P4L4 ;	调用 4 号子程序 4 次
N70	G90G00Z20. ;	Z 向退刀至工件上方 20 mm 处
N80	G68X0Y0R90. ;	旋转 90°
N90	G00X−28.26 Y−28.3 ;	快速定位至起刀点
N100	G01Z0F50 ;	定位 Z 向到工件表面
N110	M98P4L4 ;	调用 4 号子程序 4 次
N120	G90G00Z20. ;	Z 向退刀至工件上方 20 mm 处
N130	G68X0Y0R180. ;	旋转 180°
N140	G00X−28.26Y−28.3 ;	快速定位至起刀点

续表

程序段号	FANUC 0i 系统程序	程序说明
N150	G01Z0F50；	定位 Z 向到工件表面
N160	M98P4L4；	调用 4 号子程序 4 次
N170	G90G00Z20.；	Z 向退刀至工件上方 20 mm 处
N180	G68X0Y0R270.；	旋转 270°
N190	G00X−28.26Y−28.3；	快速定位至起刀点
N200	G01Z0F50；	定位 Z 向到工件表面
N210	M98P4L4；	调用 4 号子程序 4 次
N220	G90G00Z20.；	Z 向退刀至工件上方 20 mm 处
N230	G69；	取消旋转指令
N240	M30；	程序结束
	O0004；	子程序名
N10	G91G01Z−2.5F50；	Z 向切削，深度为 2.5 mm
N20	G90G41X−32.47Y−26.83D01；	建立刀具补偿，a−b
N30	G03X−32.36Y−32.5R4.；	圆弧切入，b−c
N40	G03X−15.7Y−43.23R46.；	c−d
N50	G03X−11.6Y−31.96R6.；	d−e
N60	G02X−31.96Y−11.6R34.；	e−f
N70	G03X−43.2Y−15.81R6.；	f−g
N80	G03X−32.46Y−32.5R46.；	g−c
N90	G03X−26.83Y−32.47R4.；	圆弧切出，c−h
N100	G40G01 X−28.26.Y−28.3；	取消刀具补偿，h−a
N110	M99；	子程序结束

3. 仿真加工

槽类型腔类零件仿真操作

（1）加工技术要求

毛坯尺寸：100 mm×100 mm×31 mm

材料：2A12 铝

加工刀具：φ80 mm 端铣刀、φ8 mm 键槽铣刀

夹具：机用虎钳

（2）仿真操作步骤同任务 1。

（3）参考程序见表 2-3-3、表 2-3-4。

（4）加工结果如图 2-3-6 所示。

4. 实操加工

（1）图样分析

根据图样要求，本任务需要完成两项内容：

图 2-3-6　项目二任务 3 的加工结果

1）加工十字开口槽。

2）加工 4 个圆弧型腔。

（2）装夹

工件采用机用精密平口钳装夹。

（3）封闭型腔加工技巧

封闭型腔是一种特殊的型腔类形状，它的一端或两端为圆弧。如果两端为圆弧，则中间通常用直槽连接，两端的圆弧半径可以相等，也可能不相等，其底平面可以直的，也可以是一定角度的或圆弧形的，侧壁可以是直的也可以是一定锥度的（通常使用锥形立铣刀加工）。无论哪一种形式的窄槽，编制高精度的窄槽程序通常都包括粗加工和精加工。在刀具的选择上，两种加工可以用一把刀具或多把刀具完成，这取决于工件材料、尺寸公差、表面质量和其他一些条件。封闭窄槽加工属于内轮廓加工，一般没有合适的外部位置来引入刀具，通常需要根据刀具的类型和加工条件采用不同的切入方式：一是直接用带中心切削刃的立铣刀沿 Z 轴方向直接切入材料，二是如果没有带中心切削刃的立铣刀或加工条件不适合，加工之前就需要打底孔，或者采用立铣刀螺旋切削的方法进行下刀。

（4）零件检测

该零件检测将用到外径千分尺、内径千分尺、游标卡尺、深度尺等检测工具。

四、任务评价

按照表 2-3-5 评分标准进行评价。

表 2 - 3 - 5   评 分 标 准

姓名			图号		2-3-1	开工时间	
班级			小组			结束时间	
序号	名称	检测项目	配分		评分标准	测量结果	得分
			IT	$Ra/\mu m$			
1	轮廓	10 mm 两处	10	10	超差不得分		
		12 mm 四处	10	10	超差不得分		
		50° 四处	10	10	超差不得分		
		R40 mm 四处	10	10	超差不得分		
2	深度	10 mm 六处	10	10	超差不得分		
合计			100				

五、拓展训练

完成如图 2-3-7 所示的槽类型腔零件的加工，加工完成后检验工件是否符合要求。

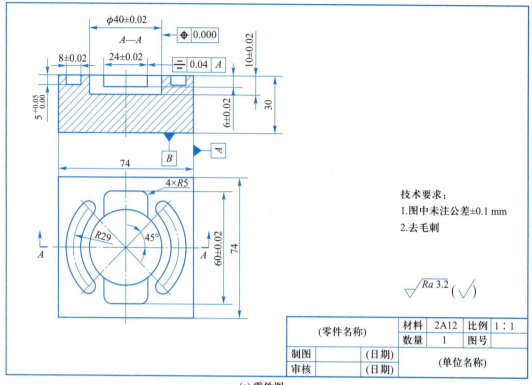

(a) 零件图

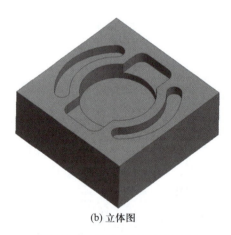

(b) 立体图

图 2-3-7 槽类型腔的拓展练习

综合任务

一、任务描述

本次综合任务是完成平面轮廓类零件的加工,工件如图 2-4-1 所示。

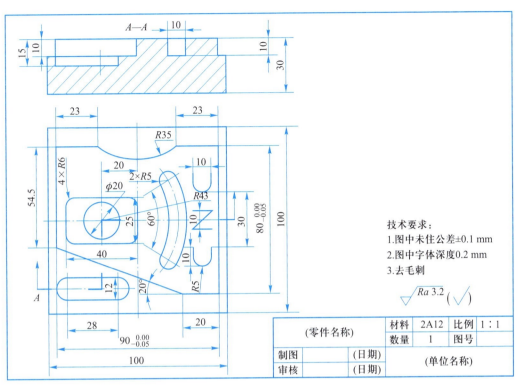

图 2-4-1　平面轮廓类零件的零件图

技术要求:
1.图中未注公差±0.1 mm
2.图中字体深度0.2 mm
3.去毛刺

$\sqrt{Ra\,3.2}$ ($\sqrt{}$)

(零件名称)	材料	2A12	比例	1:1
	数量	1	图号	
制图　　(日期)	(单位名称)			
审核　　(日期)				

二、任务实施

该综合任务包含各种槽、型腔、轮廓、单线体刻字等结构加工,根据前期任务的学习和实施,加工时要注意加工工艺的设计以及加工路线的安排。

1. 工艺分析

完成该任务的刀具选择并填写数控加工刀具卡片(见表2-4-1)。

表 2-4-1　数控加工刀具卡片

工件名称				工件图号		2-4-1
刀具号	刀具名称	刀具规格	加工内容	刀尖半径	刀尖方位号	备注
T01						
T02						
T03						
T04						
教师审核签名:						

完成该任务的加工工艺拟定并填写数控加工工艺卡片(见表2-4-2)。

表 2-4-2　数控加工工艺卡片

工件名称		工件图号	2-4-1	使用设备			夹具名称		
工序号	名称	工步号	工步内容	刀具号	主轴转速 $n/(\text{r/min})$	进给速度 $f/(\text{mm/r})$	切削深度 a_{p}/mm	备注	

教师审核签名：

2. 程序编制

编制该任务的加工程序。

3. 仿真及实操加工

按照所编制程序、工序完成仿真及实操加工。

三、任务评价

按照表 2-4-3 评分标准进行评价。

表 2-4-3　评 分 标 准

姓名				图号	2-4-1	开工时间	
班级				小组		结束时间	
序号	名称	检测项目	配分		评分标准	测量结果	得分
			IT	$Ra/\mu\text{m}$			
1	槽	28 mm	2	2	超差不得分		
2		12 mm	2	2	超差不得分		
3		2×R5 mm	2	2	超差不得分		
4		R43 mm	2	2	超差不得分		
5		60°	2	2	超差不得分		
6		10 mm	2	2	超差不得分		
7		15 mm	2	2	超差不得分		
8	型腔	40 mm	2	2	超差不得分		
9		25 mm	2	2	超差不得分		
10		4×R6 mm	2	2	超差不得分		
11		20 mm	2	2	超差不得分		

序号	名称	检测项目	配分		评分标准	测量结果	得分
			IT	$Ra/\mu m$			
12	型腔	$\phi 20$ mm	2	2	超差不得分		
13		10 mm	2	2	超差不得分		
14		15 mm	2	2	超差不得分		
15	轮廓	$90^{0}_{-0.05}$ mm	2	2	超差不得分		
16		$80^{0}_{-0.05}$ mm	2	2	超差不得分		
17		$R35$ mm	2	2	超差不得分		
18		23 mm 两处	2	2	超差不得分		
19		54.5 mm	2	2	超差不得分		
20		20 mm	2	2	超差不得分		
21		20°	2	2	超差不得分		
22		高度 10 mm	2	2	超差不得分		
23	刻字	10 mm 三处	2	2	超差不得分		
24		$R5$ mm	2	2	超差不得分		
25		30 mm	2	2	超差不得分		
合计			100				

项目三

孔系零件加工

如图 3-0-1 所示的工件包含深孔、浅孔、通孔、螺纹孔等结构,且孔的尺寸精度及表面粗糙度要求不同,加工时需要根据孔的不同要求,灵活选择钻、扩、铣、铰、螺纹等各种孔的加工方法,并能合理选择刀具及切削用量,制定合理的工艺路线;掌握各种孔加工固定循环;极坐标编程、坐标系旋转、镜像等简化编程指令;并通过仿真及实操加工进一步提高仿真软件及机床操作的熟练程度。下面通过钻铰孔加工、镗铣孔加工、螺纹孔加工等 3 个具体任务的解析与实践,为本项目提供所必需的理论知识和实操经验,并在综合任务中完成该孔系零件的加工。

三维
动画
孔系零件

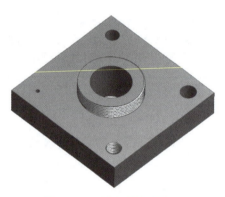

图 3-0-1　孔系零件实体图

任务 1　钻、铰孔加工

一、 任务描述

本任务要求完成如图 3-1-1 所示零件的加工,该任务主要是钻、铰孔加工,包括深孔、浅孔、高精度孔等孔的结构类型。通过本任务的学习掌握孔类零件加工的基本方法,孔加工刀具选择及切削用量的确定,孔加工路线及余量的确定等工艺知识;掌握孔加工固定循环 G80、G81、G82、G73、G83、G85、G86、G88、G89 等编程指令;掌握极坐标 G15、G16,坐标镜像 G51、G50 等简化编程指令应用。最终通过仿真、实操完成钻、铰孔加工任务。

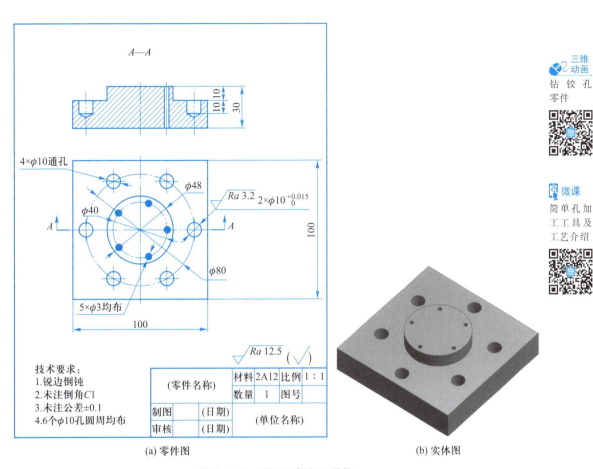

三维
动画
钻铰孔
零件

微课
简单孔加
工工具及
工艺介绍

技术要求:
1.锐边倒钝
2.未注倒角C1
3.未注公差±0.1
4.6个φ10孔圆周均布

(零件名称)		材料	2A12	比例	1:1
		数量	1	图号	
制图	(日期)		(单位名称)		
审核	(日期)				

(a) 零件图　　　　　　　　　(b) 实体图

图 3-1-1　项目三任务 1 零件

二、相关知识

1.孔加工方法选择及常见孔加工刀具

孔的加工方法很多,常见的包括钻孔、扩孔、铰孔、镗孔等,还有电火花、超声波、激光加工等新工艺。利用不同的加工方法,可以得到不同精度的孔表面,见表 3-1-1。

表 3-1-1　孔加工方法推荐表

序号	加工方案	精度等级	表面粗糙度 $Ra/\mu m$	适用范围
1	钻	11~13	50~12.5	加工未淬火钢及铸铁的实心毛坯,也可用于加工有色金属(但表面质量较差),孔径<15~20 mm
2	钻→铰	9	3.2~1.6	
3	钻→粗铰(扩)→精铰	7~8	1.6~0.8	
4	钻→扩	11	6.3~3.2	同上,但孔径>15~20 mm
5	钻→扩→铰	8~9	1.6~0.8	
6	钻→扩→粗铰→精铰	7	0.8~0.4	

131

续表

序号	加工方案	精度等级	表面粗糙度 $Ra/\mu m$	适用范围
7	粗镗(扩孔)	11～13	6.3～3.2	除淬火钢外,各种材料毛坯已有铸出孔或锻出孔
8	粗镗(扩孔)→半精镗(精扩)	8～9	3.2～1.6	
9	粗镗(扩)→半精镗(精扩)→精镗	6～7	1.6～0.8	

常用孔加工的刀具有中心钻、标准麻花钻、扩孔钻、深孔钻、锪孔钻、铣刀、镗刀等,常用的刀具材料有高速钢和硬质合金。

（1）中心钻

中心钻主要用于孔的定位,分常用型和特殊型两类,其中常用型包括 A 型和 B 型,特殊型包括 C 型和 R 型,如图 3-1-2 所示。

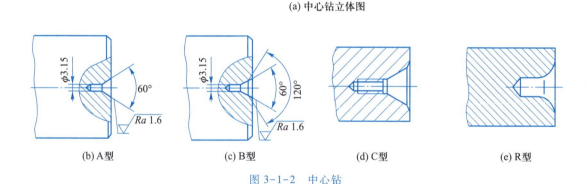

(a) 中心钻立体图

(b) A型　　(c) B型　　(d) C型　　(e) R型

图 3-1-2　中心钻

A 型中心孔由圆柱和圆锥部分组成,圆锥角为 60°,用于钻 A 型中心孔的中心钻前面的圆柱部分为中心钻的公称尺寸,单位为 mm,一般分为 A1、A2、A3 等,通常用于不需要多次使用的工件加工。

B 型中心孔是在 A 型的端部多一个 120° 的圆锥保护孔,目的是保护 60° 锥孔。

C 型是在 B 型中心孔里端有一个比圆柱孔还要小的内螺纹,它用于工件之间的紧固连接和保护小孔。

R 型是在 A 型中心孔的基础上,将圆锥母线改为圆弧形,减小中心孔和顶尖的接触面积,减小摩擦力提高定位精度。

中心钻可多次使用,但由于切削部分的直径较小,所以用中心钻钻孔时应采用较高的转速。

（2）麻花钻

麻花钻是一种形状较复杂的双刃钻孔或扩孔的标准刀具。一般用于孔的粗加工,也可用于加工攻丝、铰孔、拉孔、镗孔、磨孔的预制孔。标准麻花钻的组成如图 3-1-3 所示。

1）尾部是钻头的夹持部分,用于与机床连接,并传递扭矩和轴向力。按麻花钻直径的

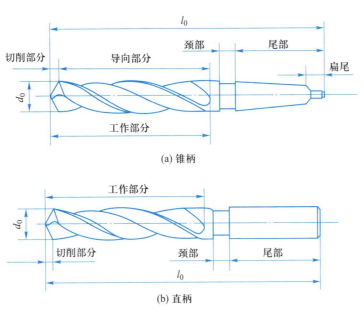

图 3-1-3　标准麻花钻的组成

大小,分为直柄(直径<12 mm)和锥柄(直径>12 mm)两种。

2)颈部是工作部分和尾部间的过渡部分,供磨削时砂轮退刀和打印标记用。

3)工作部分是钻头的主要部分,前端为切削部分,承担主要的切削工作;后端为导向部分,起引导钻头的作用,也是切削部分的后备部分。

(3)扩孔钻

扩孔钻用于钻孔再加工,孔的加工质量相对高。精度可达 IT10~IT11,表面粗糙度值为 $Ra6.3 \sim 3.2$ μm。

扩孔钻的刀齿比较多,有 3~4 个,导向性好,切削平稳。加工余量较小,容屑槽较浅,刀体强度和刚性较好;扩孔钻没有横刃,切削条件好,可提高效率和加工质量。

扩孔钻的主要类型有两种,即整体式扩孔钻和套式扩孔钻,其中套式扩孔钻适用于大直径孔的扩孔加工。常见的扩孔钻如图 3-1-4 所示。

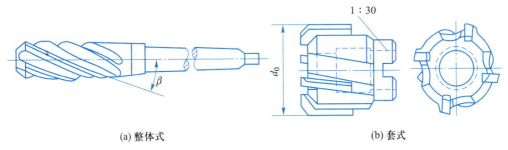

(a)整体式　　　　　　　　　　(b)套式

图 3-1-4　常见的扩孔钻

(4)锪钻

锪钻是沉孔加工时用的切削刀具,是一种特殊孔的加工刀具。常见的锪钻如图 3-1-5 所示。

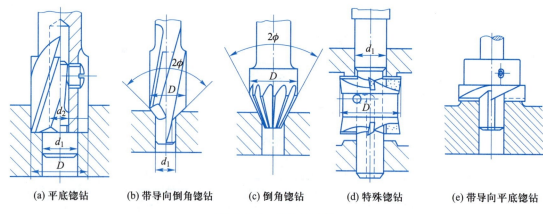

(a) 平底锪钻　　(b) 带导向倒角锪钻　　(c) 倒角锪钻　　(d) 特殊锪钻　　(e) 带导向平底锪钻

图 3-1-5　常见的锪钻

（5）铰刀

铰刀属于孔精加工的一种刀具，主要用于已经预钻孔的加工，铰刀的种类有很多，其中常见的机用铰刀如图 3-1-6 所示，图 3-1-6a 为直柄，图 3-1-6b 为锥柄。

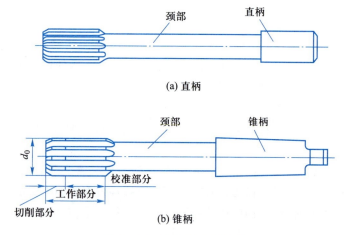

(a) 直柄

(b) 锥柄

图 3-1-6　常见的机用铰刀

2. 孔加工路线及余量的确定

1）位置度要求较高的孔系加工路线选择。对于位置度要求较高的孔系加工，特别要注意孔加工顺序的安排，避免将坐标轴的反向间隙带入，影响位置精度。

如图 3-1-7 所示，当进行孔系加工时，如按 $A-1-2-3-4-5-6-P$ 安排加工走刀路线时，在加工 5、6 孔时，X 方向的反向间隙会使定位误差增加，而影响 5、6 孔与其他孔的位置精度。而采用 $A-1-2-3-P-6-5-4$ 的走刀路线时，可避免反向间隙的引入，提高 5、6 孔与其他孔的位置精度。

2）孔加工时的导入量与超越量选择。如图 3-1-8 所示，孔加工时导入量（图中 ΔZ）是指在孔加工过程中，刀具自快进转为工进时，刀尖点位置与孔上表面间的距离。导入量通常取 2~5 mm。超越量如图中的 $\Delta Z'$，当钻通孔时，超越量通常取（$Z_p+(1~3)$）mm，Z_p 为钻尖高度（通常取 0.3 倍钻头直径）；铰通孔时，超越量通常取 3~5 mm；镗通孔时，超越量通常取 1~3 mm。

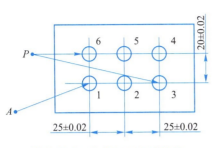

图 3-1-7 孔系加工进给路线

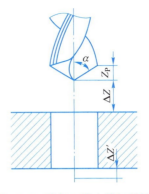

图 3-1-8 孔加工导入量与超越量

动画
滚珠丝杠
传动及反
向间隙

3）在保证加工精度的前提下，应尽量缩短加工路线，以减少空行程时间，提高生产效率。如图 3-1-9 所示 b 图比 a 图效率要高。

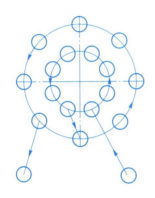

(a) 环形进给路线最长

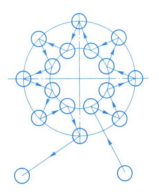

(b) 折线进给路线最短

图 3-1-9 孔加工最短走刀路线

动画
孔加工最
短 走 刀
路线

4）孔加工常用工序间余量确定推荐值见表 3-1-2。

表 3-1-2 孔加工常用工序间余量确定推荐表

加工工序	加工直径/mm	工序特点	在直径上的工序间余量/mm
扩孔	10～20	钻孔后扩孔	1.5～2.0
		粗扩后精扩	0.5～1.0
	20～50	钻孔后扩孔	2.0～2.5
		粗扩后精扩	1.0～1.5
铰孔	10～20	—	0.10～0.20
	20～30		0.15～0.25
	30～50		0.20～0.30
	50～80		0.25～0.35
	80～100		0.30～0.40

续表

加工工序	加工直径/mm	工序特点	在直径上的工序间余量/mm
半精镗	20~80	—	0.70~1.20
	80~150		1.00~1.50
精镗	<30	—	0.20~0.25
	30~130		0.25~0.40
	>130		0.35~0.50

3. 孔加工固定循环指令基本介绍

在前面介绍的常用加工指令中,每一个 G 指令一般都对应机床的一个动作,它需要用一个程序段来实现。为了进一步提高编程工作效率,FANUC-0i 系统设计有固定循环功能,它规定对于一些典型孔加工中的固定、连续的动作,用一个 G 指令表达,即用固定循环指令来选择孔加工方式。

常用的固定循环有深孔钻孔循环、浅孔钻孔循环、扩、铰、粗镗孔循环、螺纹切削循环、精镗孔循环等,见表 3-1-3。

表 3-1-3 孔加工固定循环指令一览表

G 代码	加工动作	孔底动作	返回方式	用途
G73	间歇进给	—	快速进给	高速深孔加工
G74	切削进给	暂停、主轴正转	切削进给	攻左旋螺纹孔
G76	切削进给	主轴准停、刀具位移	快速进给	精镗孔
G80	—	—	—	取消固定循环
G81	切削进给	—	快速进给	钻孔、钻中心孔
G82	切削进给	暂停	快速进给	钻、锪、镗阶梯孔
G83	间歇进给	—	快速进给	排屑深孔加工
G84	切削进给	暂停、主轴反转	切削进给	攻右旋螺纹孔
G85	切削进给	—	切削进给	粗镗孔、铰孔
G86	切削进给	主轴停	快速进给	粗镗孔、铰孔
G87	切削进给	刀具位移、主轴正转	快速进给	反镗孔
G88	切削进给	暂停、主轴停	手动进给	粗镗孔、铰孔
G89	切削进给	暂停	切削进给	粗镗孔、铰孔

微课

孔加工固定循环指令基本介绍

（1）固定循环的六个基本动作

常用的固定循环指令能完成的工作有:钻孔、铰孔、攻螺纹和镗孔等。这些循环通常包括下列六个基本操作动作,如图 3-1-10 所示。

动作 1 G17 平面（XY 平面）快速定位;

动作 2 Z 向快速移动到 R 点;

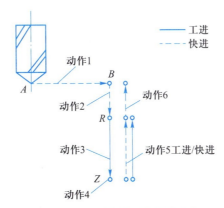

图 3-1-10　固定循环的基本动作

动作 3　Z 向切削进给至孔底；

动作 4　孔底部的动作；

动作 5　Z 向退刀到 R 平面；

动作 6　Z 轴快速返回起始位置。

图中实线表示切削进给,虚线表示快速运动。

（2）固定循环的三个平面

固定循环中有三个高度位置非常关键,即在初始位置、孔口上方、孔底等三个高度分别表示孔加工固定循环时的几个特征,即孔加工循环中的三个平面,如图 3-1-11 所示。

初始平面:在循环前由 G00 定位。

安全平面:其位置由指令中的参数 R 设定,又叫 R 点平面。在此处刀具由快进转为工进,其安全高度一般为 2~5 mm。

孔底平面:其位置由指令中的参数 Z 设定,又叫 Z 平面,它决定了孔的加工深度。注意通孔加工要留有一定的超越量 3~5 mm。

（3）固定循环的两种返回方式

当一个孔加工结束后,刀具可以根据后续工序要求,自动返回到 R 平面或初始平面两个不同位置,如图 3-1-12 所示。

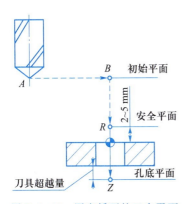

图 3-1-11　固定循环的三个平面

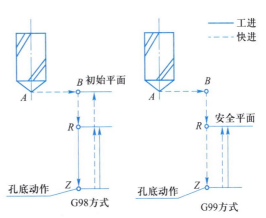

图 3-1-12　固定循环的两种返回方式

两种返回位置方式分别用 G98 和 G99 来控制,其中:G98 方式加工完后让刀具返回到初始平面的位置。G99 方式加工完后让刀具返回到安全平面的位置。

孔加工循环的基本指令格式如下:

G90/G91 G98/G99 G73~G89 X_Y_Z_R_Q_P_F_K_;

其中,G90/G91——绝对坐标编程或增量坐标编程;

　　G98——返回起始点;

　　G99——返回 R 平面;

　　G73~G89——孔加工方式,如钻孔加工、高速深孔钻加工、镗孔加工等;

　　X、Y——孔的位置坐标;

　　Z——孔底坐标。增量方式时,为 R 面到孔底面的增量距离;

　　R——安全面(R 面)的坐标。增量方式时,为起始点到 R 面的增量距离;在绝对方式时,为 R 面的绝对坐标;

　　Q——深孔加工时表示每次切削深度,精镗孔或反镗孔加工时表示径向退刀距离;

　　P——孔底的暂停时间,不加小数点,以毫秒(ms)表示;

　　F——切削进给速度;

　　K——规定重复加工次数,只对等间距孔有效,须以增量方式指定。

固定循环由 G80 或 01 组 G 代码撤销。

4. 钻、铰孔指令详解

(1)普通钻孔循环 G81、G82 指令详解

1)指令格式:

G81 X_Y_Z_R_F_K_;

G82 X_Y_Z_R_P_F_K_;

2)动作分析:其动作路线如图 3-1-13 所示。

动画
G81 指令

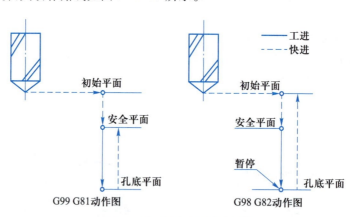

图 3-1-13　钻孔循环动作路线

G81 刀具在 X、Y 平面快速定位至孔的上方,然后快速下刀到安全平面,在此处速度由快进转为工进,切削加工到孔底,然后从孔底快速退回到指定位置(初始平面或安全平面)。

G82 动作过程类似于 G81,只是在孔底增加了延时暂停功能。

因此,G81 适合加工通孔,G82 适合加工盲孔或阶梯孔。

（2）深孔钻孔循环 G73、G83 指令详解

1）指令格式：

G73 X_Y_Z_R_P_Q_F_K_；

G83 X_Y_Z_R_P_Q_F_K_；

2）动作分析：其动作路线如图 3-1-14 所示。

G73 指令又叫高速深孔钻孔循环，在钻孔时采取间断进给，有利于断屑和排屑，适合深孔加工。其中 Q 为增量值，指定每次切削深度。d 为排屑退刀量，由系统参数设定。

G83 指令又叫排屑深孔钻孔循环，G83 指令同样通过 Z 轴方向的间歇进给来实现断屑与排屑的目的。但与 G73 指令不同的是，刀具间歇进给后快速回退到 R 点，再快速进给到 Z 向距上次切削孔底平面 d 处，从该点处，快速变成工进，工进距离为 $Q+d$。d 值由机床系统指定，无须用户指定。此种方法多用于加工深孔。

G73 与 G83 的主要区别在于：G73 每次进刀后只抬一个 d 值，减少空走刀，更有利于提高加工效率，而 G83 每次刀具都退到工件外面更便于排屑。

3）应用举例：

如图 3-1-15 所示对 $5 \times \phi 8$ mm、深为 50 mm 的孔进行加工。显然，这属于深孔加工。要利用 G73 进行编程，其程序为：

O40；	
G54 G90 G80 G21；	（选择 G54 加工坐标系，程序初始化）
M03 S600 F100；	（主轴启动）
G00 Z50.；	（Z 向定位到初始平面）
G99 G73 X0 Y0 Z-50.R10.Q5.F50；	（选择高速深孔钻方式加工 1 号孔）
X40；	（选择高速深孔钻方式加工 2 号孔）
X0 Y40.；	（选择高速深孔钻方式加工 3 号孔）
X-40.Y0；	（选择高速深孔钻方式加工 4 号孔）
G98 X0 Y-40.；	（选择高速深孔钻方式加工 5 号孔，加工结束并返回初始平面）
G00 Z100.；	（Z 向抬刀至 Z100 高度）
M05；	（主轴停）
M30；	（程序结束并返回起点）

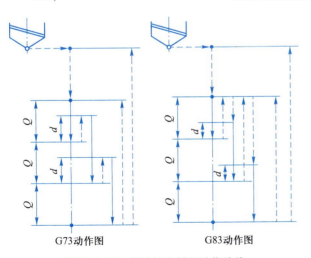

图 3-1-14　深孔钻孔循环动作路线

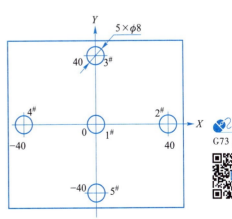

图 3-1-15　固定循环应用举例

上述程序中,选择高速深孔钻加工方式进行孔加工,并以 G99 确定每一孔加工完后,回到 R 平面。设定孔口表面的 Z 向坐标为 0,R 平面的坐标为 10,每次切深量 Q 为 5,系统设定退刀排屑量 d。

（3）粗镗孔、铰孔循环指令详解

常用粗镗孔、铰孔循环有 G85、G86、G88、G89 四种,其指令格式与钻孔循环指令格式基本相同。

1）指令格式:

G85 X_Y_Z_R_F_;

G86 X_Y_Z_R_P_F_;

G88 X_Y_Z_R_P_F_;

G89 X_Y_Z_R_P_F_;

2）动作分析:其动作路线如图 3-1-16 所示。

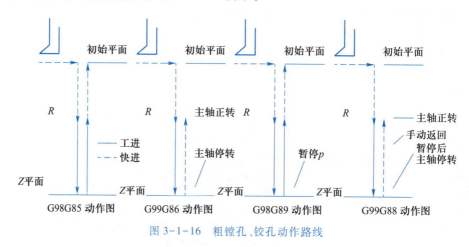

图 3-1-16　粗镗孔、铰孔动作路线

执行 G85 循环,刀具以切削进给方式加工到孔底,然后以切削进给方式返回到 R 平面。因此该指令除可用于较精密的镗孔外,还可用于铰孔、扩孔的加工。

执行 G86 循环,刀具以切削进给方式加工到孔底,然后主轴停转,刀具快速退到 R 点平面后,主轴正转。由于刀具在退回过程中容易在工件表面划出条痕,所以该指令常用于精度或表面质量要求不高的镗孔加工。

G89 动作与 G85 动作基本相似,不同的是 G89 动作在孔底增加了暂停,因此该指令常用于阶梯孔的加工。

执行 G88 循环,刀具以切削进给方式加工到孔底,在孔底暂停后主轴停转,通过手控方式从孔中安全退刀,再开始自动加工,Z 轴快速返回 R 点或初始平面,主轴恢复正转。此种方式虽能相应提高孔的加工精度,但加工效率较低。

5. 简化编程——极坐标指令介绍

极坐标指令通常用于工件形状多以圆周分布,且圆中已标明角度的工件,这类工件若用直角坐标编程,则计算基点坐标较为麻烦,因此多用极坐标编程。

（1）指令格式

该组指令中用 G16 表示极坐标生效,用 G15 表示极坐标取消。

（G17/G18/ G19）（G90/ G91）G16；　　　　　（指定开始用极坐标方式编程）

G00 X _Y；　　　　　　　　　　　　　　　X、Y 用极坐标值表示

⋮

G15；　　　　　　　　　　　　　　　　　取消极坐标指令

（2）极坐标编程三要素

1）极坐标原点：当用绝对方式 G90 编程时，以工件原点为极坐标原点。当用增量方式 G91 编程时，以刀具当前位置为极坐标原点。

2）极轴半径：用第一轴表示，如 G17 中，用 X 轴表示半径。

3）极轴角度：用第二轴表示，如 G17 中，用 Y 轴表示角度。极坐标的零度方向为第一坐标轴的正方向，且规定逆时针方向为角度的正方向。

（3）应用举例

请用极坐标编程的方式编写如图 3-1-17 所示的孔加工程序，图中孔均为通孔，孔深 15 mm。

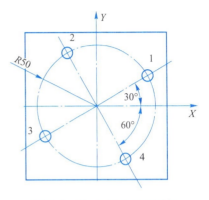

图 3-1-17　极坐标应用举例

O0001　　　　　　　　　　　　　　　　　（主程序）

G90 G94 G15 G80 G40 G49 G21 G54；　　　（程序初始化）

M03 S600；　　　　　　　　　　　　　　（钻孔转速 600r/min）

G00 X0.Y0.；

G00 Z50.；　　　　　　　　　　　　　　（Z 向定位到初始平面高度 Z50 位置）

G90 G17 G16；　　　　　　　　　　　　（绝对方式极坐标编程）

G99 G81 X50.Y30.Z-20.R5.F100；　　　　（G81 钻孔加工 1 孔，孔位置用极坐标）

Y120.；　　　　　　　　　　　　　　　（G81 钻孔加工 2 孔，孔位置用极坐标）

Y210.；　　　　　　　　　　　　　　　（G81 钻孔加工 3 孔，孔位置用极坐标）

Y-60.；　　　　　　　　　　　　　　　（G81 钻孔加工 4 孔，孔位置用极坐标，且角度用负值表示）

G15 G80；　　　　　　　　　　　　　　（取消极坐标和固定循环）

G00 Z100.；　　　　　　　　　　　　　（Z 向抬刀至 Z100 高度）

M30；　　　　　　　　　　　　　　　　（程序结束并返回程序起点）

6. 简化编程——坐标镜像指令介绍

坐标镜像指令名用于工件形状以轴对称或以点对称的情况，通过镜像可大大提高编程效率。

（1）指令格式

格式一：

G17 G51.1 X_Y_；　　　　　　　　　　（建立镜像）

⋮

G50.1；　　　　　　　　　　　　　　　（取消镜像）

X_Y_用于指定对称轴或对称点。

当 G51.1 指令后仅有一个坐标字，表示该镜像加工指令是以某一个坐标轴为镜像轴。如，G51.1 X10.；表示以与 Y 轴平行的 X=10 的直线为对称轴。

当 G51.1 指令后有两个坐标字时,表示以一个点镜像,如 G51.1 X10.Y10.;表示以 X10.Y10.这一个点为对称点镜像。

格式二:

G17 G51 X_Y_I_J_;　　　　　　　　　　　　　　(建立镜像)

⋮

G50;　　　　　　　　　　　　　　　　　　　　　(取消镜像)

X_ Y_用于指定对称轴或对称点。

I、J 一定是负值,如果是正值,则该指令变成缩放指令,如果 I、J 值为负值且不等于−1,则既镜像又缩放,如果等于−1,则只镜像不缩放。

如:G17 G51 X10.Y10.I−1.J−1.;

执行该段程序时,程序只以坐标点(10,10)进行镜像,不缩放。

再如:G17 G51 X10.Y10.I−2.J−1.5;

则执行该段程序时,程序先以坐标点(10,10)进行镜像,之后还以该点为缩放中心,以 X = 2.0,Y = 1.5 的比例进行缩放。

G50 取消镜像和缩放比例。

(2)应用举例

用镜像指令编写如图 3−1−18 所示三角形凸台的加工程序,台高 2 mm。

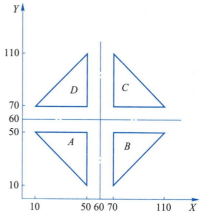

图 3−1−18　坐标系镜像应用举例

O0001	(主程序)
G90 G54 G21 G40 G80 G49 G17;	
M03 S800;	
G00 X60.Y60.;	
G43 G00 Z200.H01;	
G00 Z10.;	
G01 Z−2.F80;	
M98 P100;	(加工 C)
G51 X60.Y60.I−1.J−1.;	(以 X60.Y60.为镜像点,准备加工 A)
M98 P100;	(加工 A)
G50;	(取消镜像)
G51 Y60.J−1.;	(以 Y60.的直线镜像,准备加工 B)
M98 P100;	(加工 B)
G50;	(取消镜像)
G51 X60.I−1.J1.;	(以 X60.的直线镜像,准备加工 D)
M98 P100;	(加工 D)
G50;	(取消镜像)
G01 Z10.;	
G49 G00 Z200.;	
M05;	
M30;	

O100;　　　　　　　　　　　（子程序，C 的加工程序）

G41 G01 X70.Y60.D01;

N240 Y110.;

N250 X110.Y70.;

X60.;

G40 X60.Y60.;

M99;

（3）坐标系镜像编程注意事项

1）圆弧镜像后旋向相反，即 G02 变 G03。

2）刀具补偿镜像后偏置方向相反，即 G41 变 G42。

3）坐标系旋转指令镜像后，坐标系旋转方向相反。

4）返回参考点指令和改变坐标系指令必须在取消镜像后才能使用。

5）数控镗铣床 Z 轴一般不镜像。

6）系统处理数据的顺序：镜像→缩放→旋转→刀具补偿，取消时顺序相反，且坐标系旋转角度不缩放。

三、 任务实施

1. 工艺分析

（1）零件加工内容及结构分析

该零件为方形零件，零件材料为 2A12 的硬铝。零件中央有一个 $\phi 48$ mm 的圆柱凸台，台上均布 5 个 $\phi 3$ mm 通孔，孔深为 30 mm，长径比大于 6，为典型的深孔加工。圆柱凸台四周均布 6 个 $\phi 10$ mm 孔，且孔的结构及尺寸精度要求不一。左右两个为盲孔，孔深 10 mm，孔径上偏差为 +0.015 mm，下偏差为 0。前后 4 个为通孔，孔径为自由公差。零件结构较为简单，且多为孔加工，特别是 5 个 $\phi 3$ mm 的深孔有一定的加工难度。毛坯选用 100 mm×100 mm×31 mm 的方料。

（2）精度分析

1）尺寸精度分析：该零件尺寸精度要求不高，除了左右两个 $\phi 10$ mm 盲孔其孔径要求为 H7 外，其他尺寸没有具体的精度要求，采用自由公差保证即可。

2）形位公差分析：该零件无具体形位公差要求，工艺安排较简单，加工、测量时无须考虑特殊要求，满足零件的一般使用性能即可。

3）表面粗糙度分析：该零件左右两个 $\phi 0^{+0.015}_0$ 盲孔内部结构的表面粗糙度要求较高为 3.2 μm，其余表面均为 12.5 μm，无特殊表面粗糙度要求。

（3）零件装夹分析

该零件因无形位公差要求，且为方料，故零件装夹较为简单，采用平口钳加垫铁支撑装夹，并以工件前后两个侧面为 Y 向定位基准，以工件底面为 Z 向定位基准即可满足加工要求。

（4）工件坐标系分析

因该零件属于基本对称工件，为便于各个孔的加工及坐标计算，故其工件坐标系的原点设置在工件上表面中心处。

（5）加工顺序及进给路线分析

1）铣圆柱凸台。铣凸台走刀路线如图 3-1-19 所示，a-b-c-d 采用圆弧切入的方式，进行整圆的加工,并且可以采用改变刀具补偿值的方式去除周边余量。

2) 孔加工。钻孔走刀路线如图 3-1-20 所示:深孔加工顺序为 $a-b-c-d-e$,通孔加工顺序为 $f-g-h-i$,盲孔加工顺序为 $j-k$。

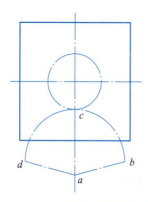

图 3-1-19　铣凸台走刀路线

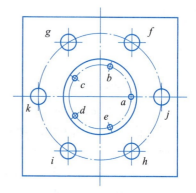

图 3-1-20　钻孔走刀路线

（6）加工刀具分析

加工该零件主要采用键槽铣刀或立铣刀加工外轮廓,用钻头、铰刀等工具加工各个孔,其中键槽铣刀或立铣刀可采用 $\phi12$ mm 或 $\phi14$ mm 等常用直径即可,且直径越大刀具刚性越好。钻头分别采用 $\phi3$ mm、$\phi10$ mm、$\phi9.8$ mm 的麻花钻,铰刀选用 $\phi10H7$ 的铰刀加工左右两个有公差要求的孔径即可,刀具选择见表 3-1-4 的刀具卡片。

表 3-1-4　刀具卡片

工件名称				工件图号	3-1-1	
序号	刀具号	刀具规格名称	数量	刀长/mm	加工内容	备注
1	T01	$\phi80$ mm 面铣刀	1	50	铣端面至工件尺寸	
2	T02	$\phi12$ mm 立铣刀	1	60	铣削台阶面	
3	T03	$\phi3$ mm 麻花钻	1	80	钻 5 个小孔	
4	T04	$\phi10$ mm 麻花钻	1	120	钻前后 4 个通孔	
5	T05	$\phi9.8$ mm 钻头	1	120	钻左右两个 $\phi10$ mm 盲孔底孔	
6	T06	$\phi10H7$ 铰刀	1	120	铰左右两个 $\phi10H7$ 盲孔	

（7）切削用量选择

根据前期工艺分析,根据铰孔、钻孔、粗铣、精铣及刀具材料和工件材料、尺寸精度及表面质量要求,结合切削用量选择原则,该任务的切削用量选择见表 3-1-5。

（8）建议采取工艺措施

为保证零件表面粗糙度要求一致,故建议采取粗精加工分开的方式进行加工,粗加工完成后,留较小的精加工余量,如 0.5 mm 左右,精加工时不要采用分层,采用一刀切深 10 mm

的方法保证圆台周围的表面质量,$\phi 3$ mm 麻花钻由于直径较细,故钻孔时转速适当升高,进给速度适当减小避免断刀。

具体工序卡片的制定如表 3-1-5 所示。

表 3-1-5　工 序 卡 片

工件名称				工件图号		3-1-1	夹具名称	机用虎钳
工序	名称		工艺要求			使用设备		
1	备料		100 mm×100 mm×31 mm 方料一块 材料 2A12			主轴转速 $n/(\text{r/min})$	进给速度 $f/(\text{mm/min})$	切削深度 a_p/mm
2	加工中心	工步	工步内容	刀具号				
		1	铣端面(MDI 或手动方式)	T01		650	80	1
		2	粗铣圆柱凸台	T02		800	100	2.5
		3	精铣圆柱凸台	T02		1 000	80	10
		4	钻 $\phi 3$ mm 孔	T03		1 200	50	3
		5	钻 $\phi 10$ mm 通孔	T04		500	60	10
		6	钻 $\phi 10$ H7 底孔	T05		500	60	9.8
		7	铰刀铰 $\phi 10$ H7 至尺寸	T06		100	30	0.2
3	检验							

2. 程序编制

项目三任务 1(圆柱凸台)的参考程序见表 3-1-6。项目三任务 1($\phi 3$ mm 孔)的参考程序见表 3-1-7。项目三任务 1($\phi 10$ mm 通孔)的参考程序见表 3-1-8。项目三任务 1($\phi 10$ H7 盲孔)的参考程序见表 3-1-9。

表 3-1-6　项目三任务 1(圆柱凸台)的参考程序

程序段号	FANUC 0i 系统程序	程序说明
	O0001;	主程序名
N10	G90 G94 G21 G40 G54 F100;	程序初始化
N20	M03 S800;	主轴正转,转速为 800 r/min
N30	G00X0Y-76.;	快速定位至起刀点
N40	G00Z10.;	Z 向定位到安全高度
N50	G01Z0F50;	Z 向定位到工件表面
N60	M98P2L4;	调用 2 号子程序 4 次
N70	G90G00Z20.;	Z 向退刀至工件上方 20 mm 处
N80	M30;	程序结束
	O0002;	子程序名

续表

程序段号	FANUC 0i 系统程序	程序说明
N10	G91G01Z−2.5F50;	Z 向切削,深度为 2.5 mm
N20	G90G41G01X26.Y−50.D01;	建立刀具补偿,a−b
N30	G03X0Y−24.R26.;	圆弧切入,b−c
N40	G02X0Y−24.I0J24.;	圆柱凸台加工,c−c
N50	G03X−26.Y−50.R26.;	圆弧切出,c−d
N60	G40G01X0Y−76.;	取消刀具补偿,d−a
N70	M99;	子程序结束

表 3-1-7　项目三任务 1(ϕ3 mm 孔)的参考程序

程序段号	FANUC 0i 系统程序	程序说明
	O0003;	主程序名
N10	G90 G94 G21 G40 G54 F100;	程序初始化
N20	M03 S800;	主轴正转,转速为 800 r/min
N30	G00X0Y0.;	快速定位至起刀点
N40	G00Z10.;	Z 向定位到安全高度
N50	G17G16;	极坐标编程
N60	G99G73X20.Y0.Z−32.R5.Q3.F50;	高速深孔加工循环加工孔 a
N70	Y72.;	分别表面 b~e 的极坐标孔位置
N80	Y144.;	
N90	Y216.;	
N100	Y288.;	
N110	G15G80;	取消极坐标和固定循环
N120	G00Z20.;	Z 向退刀至工件上方 20 mm 处
N130	M30;	程序结束

表 3-1-8　项目三任务 1(ϕ10 mm 通孔)的参考程序

程序段号	FANUC 0i 系统程序	程序说明
	O0004;	主程序名
N10	G90 G94 G21 G40 G54 F100;	程序初始化
N20	M03 S800;	主轴正转,转速为 800 r/min
N30	G00X0Y0.;	快速定位至起刀点
N40	G00Z10.;	Z 向定位到安全高度

程序段号	FANUC 0i 系统程序	程序说明
N50	M98P5;	调用 5 号子程序 1 次
N60	G90G00Z10.;	Z 向退刀至工件上方 10 mm 处
N70	G51X0Y0J-1.;	建立镜像加工
N80	M98P5;	调用 5 号子程序 1 次
N90	G50;	取消镜像加工
N100	G00Z20.;	Z 向退刀至工件上方 20 mm 处
N110	M30;	程序结束
	O0005;	子程序名
N10	G98G81X20.Y34.64Z-32.R-8.F50;	钻孔固定循环加工 h 孔
N20	X-20.;	g、j 孔位置坐标
N30	G80;	取消固定循环
N40	M99;	子程序结束

表 3-1-9 项目三任务 1(ϕ10 H7 盲孔)的参考程序

程序段号	FANUC 0i 系统程序	程序说明
	O0006;	主程序名
N10	G90 G94 G21 G40 G54 F100;	程序初始化
N20	M03 S800;	主轴正转,转速为 800 r/min
N30	G00X0Y0.;	快速定位至起刀点
N40	G00Z10.;	Z 向定位至安全高度
N50	M98P7;	调用 8 号子程序 1 次,加工 j 孔
N60	G90G00Z10.;	Z 向退刀至工件上方 10 mm 处
N70	G00X0Y0;	快速定位至起刀点
N80	G68X0Y0R180.;	旋转 180°
N90	M98P7;	调用 7 号子程序 1 次加工 k 孔
N100	G69;	取消旋转指令
N110	G00Z20.;	Z 向退刀至工件上方 20 mm 处
N120	M30;	程序结束
	O0007;	子程序名
N10	G98G82X40.Y0Z-20.R-8.P1000F50;	钻孔固定循环加工 j、k 孔

续表

程序段号	FANUC 0i 系统程序	程序说明
N30	G80;	取消固定循环
N40	M99;	子程序结束

仿真
钻铰孔加工仿真操作

3. 仿真加工

（1）加工技术要求

毛坯尺寸：100 mm×100 mm×30 mm

材　　料：2A12 铝

加工刀具：ϕ80 mm 端铣刀、ϕ12 mm 立铣刀、ϕ3 mm 麻花钻、ϕ10 mm 麻花钻、ϕ9.8 mm 麻花钻、ϕ10 H7 铰刀

夹　　具：机用虎钳

（2）程序调试

程序录入完成，应仔细检查程序是否有语法错误，但是如果程序出现逻辑错误，是无法检测出来的，与实际机床一样，数控仿真系统提供了刀具轨迹显示功能，利用这一功能，可以很方便地检查刀具的运行轨迹，从而判断出程序的正确性。

1）点击操作面板上的"自动运行"按钮➡️，使其指示灯变亮➡️，转入自动加工模式。

2）点击 MDI 键盘上的 CUSTOM GRAPH 按钮，进入检查运行轨迹模式。

3）点击操作面板上的"循环启动"按钮□，即可观察数控程序的运行轨迹，此时也可通过"视图"菜单中的动态旋转、动态放缩、动态平移等方式对三维运行轨迹进行全方位的动态观察，如图 3-1-21 所示。

4）程序调试完毕后，再次点击 CUSTOM GRAPH 按钮，回到机床显示状态。

（3）参考程序

见表 3-1-6 ~ 表 3-1-9。

（4）加工结果

加工结果如图 3-1-22 所示。

图 3-1-21　刀具轨迹

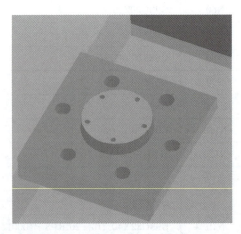

图 3-1-22　项目三任务 1 的加工结果

4. 实操加工

（1）图样分析

根据图样要求，本任务需要完成内容。

1）分层铣削工件圆柱凸台。

2）加工 5 个直径为 ϕ3 mm 的孔。

3）加工 4 个直径为 ϕ10 mm 的通孔。

4）加工 2 个直径为 ϕ10 H7 的盲孔。

（2）装夹

本工件采用机用精密平口钳装夹。

（3）钻孔加工技巧

1）钻孔之前必须用中心钻定位，否则孔位容易钻偏。

2）选择钻头时应合理，不同的材质选不同的钻头。

3）在钻削的过程中，根据钻头大小、材质和所加工的工件，选择合适的钻削参数。

4）在钻削的过程中，要不停地浇冷却液，防止钻头烧坏。

5）在钻削通孔时，钻头应穿过孔 0.3D（D 为钻头直径）。

（4）零件检测

该零件的孔将用到各种塞规、表面粗糙度比对样板、深度千分尺、外径千分尺、游标卡尺等检测工具。

四、 任务评价

按照表 3-1-10 评分标准进行评价。

表 3-1-10 评 分 标 准

姓名				图号		3-1-1	开工时间	
班级				小组			结束时间	
序号	名称	检测项目		配分		评分标准	测量结果	得分
				IT	$Ra/\mu m$			
1	孔径	ϕ3 mm（5 处）		5	5	超差不得分		
2		ϕ10 mm（4 处）		5	5	超差不得分		
3		$\phi10^{+0.015}_{0}$ mm（2 处）		10	10	超差不得分		
4	定位	ϕ40 mm		5	5	超差不得分		
5		ϕ80 mm		5	5	超差不得分		
6	孔深	10 mm（2 处）		5	5	超差不得分		
7		深 30 mm（5 处）		5	5	超差不得分		
8	圆柱凸台	ϕ48 mm		5	5	超差不得分		
9		高 10 mm		5	5	超差不得分		
合计				100				

五、拓展训练

完成如图3-1-23所示孔类工件的加工,加工完成后检验工件是否符合要求。

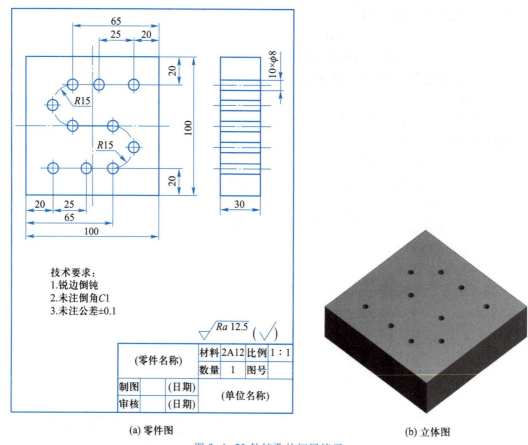

技术要求:
1.锐边倒钝
2.未注倒角C1
3.未注公差±0.1

$\sqrt{Ra\ 12.5}$ $(\sqrt{})$

(零件名称)	材料	2A12	比例	1∶1
	数量	1	图号	
制图	(日期)		(单位名称)	
审核	(日期)			

(a) 零件图　　　　　　　　　　　　　　(b) 立体图

图 3-1-23　钻铰孔的拓展练习

任务2　镗、铣孔加工

一、任务描述

本任务要求完成如图3-2-1所示工件的加工,该任务主要是镗、铣孔加工。通过学习掌握镗刀、铣刀的种类及特点,并合理选择镗、铣孔刀具及切削用量等工艺知识;掌握常用G85、G86、G88、G89、G76、G87等镗孔指令及铣圆孔加工指令;最终通过仿真、实操完成该任务加工。

二、相关知识

1. 镗、铣孔概述

(1)镗孔加工

镗孔是加工中心的主要加工内容之一,它能精确地保证孔系的尺寸精度和形位精度,并

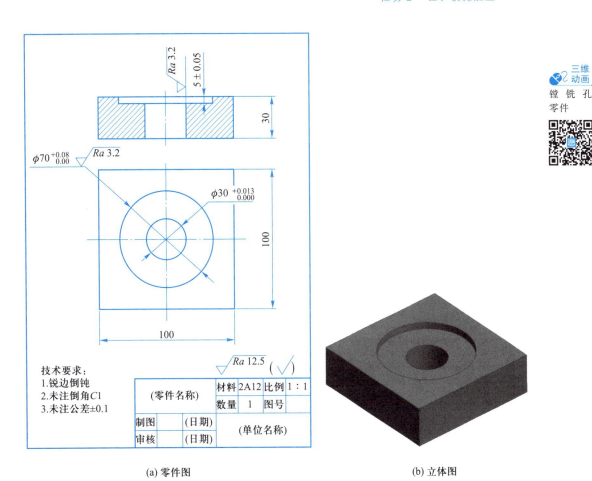

三维
动画
镗 铣 孔
零件

(a) 零件图   (b) 立体图

图 3-2-1　项目三任务 2 工件

纠正上道工序的误差。通过镗削加工的圆柱孔,大多数是机器工件中的主要配合孔或支承孔,所以有较高的尺寸精度要求。一般配合孔的尺寸精度要求控制在 IT7~IT8,机床主轴箱体孔的尺寸精度为 IT6,精度要求较低的孔一般控制在 IT11。

孔的镗削加工往往要经过粗镗、半精镗、精镗工序的过程。粗镗、半精镗、精镗工序的选择,决定于所镗孔的精度要求、工件的材质及工件的具体结构等因素。

1）粗镗。粗镗是圆柱孔镗削加工的重要工艺过程,它主要是对工件的毛坯孔(铸、锻孔)或对钻、扩后的孔进行预加工,为下一步半精镗、精镗加工达到要求奠定基础,并能及时发现毛坯的缺陷(裂纹、夹砂、砂眼等)。需要特别指出的是,对于位置精度要求较高的孔加工,粗镗孔之前进行钻孔时,需要用中心钻先定位。

粗镗后一般留单边 2~3 mm 作为半精镗和精镗的余量。对于精密的箱体类工件,一般粗镗后还应安排回火或时效处理,以消除粗镗时所产生的内应力,最后再进行精镗。

由于在粗镗中采用较大的切削用量,故在粗镗中产生的切削力大、切削温度高,刀具磨损严重。为了保证粗镗的生产率及一定的镗削精度,因此要求粗镗刀应有足够的强度,能承受较大的切削力,并有良好的抗冲击性能;粗镗要求镗刀有合适的几何角度,以减小切削力,并有利于镗刀的散热。

2）半精镗。半精镗是精镗的预备工序,主要是解决粗镗时残留下来的余量不均部分。对精度要求高的孔,半精镗一般分两次进行:第一次主要是去掉粗镗时留下的余量不均匀的部分;第二次是镗削余下的余量,以提高孔的尺寸精度、形状精度及减小表面粗糙度。半精镗后一般留精镗余量为 0.3~0.4 mm(单边),对精度要求不高的孔,粗镗后可直接进行精镗,不必设半精镗工序。

3）精镗。精镗是在粗镗和半精镗的基础上,用较高的切削速度、较小的进给量,切去粗镗或半精镗留下的较少余量,准确地达到图样规定的内孔表面。粗镗后应将夹紧压板松一下,再重新进行夹紧,以减少夹紧变形对加工精度的影响。通常精镗背吃刀量大于等于 0.01 mm,进给量大于等于 0.05 mm/r。

（2）铣孔加工

与传统的钻削加工相比,铣孔采用了完全不同的加工方式。螺旋铣孔过程由主轴的"自转"和主轴绕孔中心的"公转"2 个运动复合而成,这种特殊的运动方式决定了螺旋铣孔的优势。首先,刀具中心的轨迹是螺旋线而非直线,即刀具中心不再与所加工孔的中心重合,属偏心加工过程。刀具的直径与孔的直径不一样,这突破了传统钻孔技术中一把刀具加工同一直径孔的限制,实现了单一直径刀具加工一系列直径孔。这不仅提高了加工效率,同时也大大减少了存刀数量和种类,降低了加工成本。其次,螺旋铣孔过程是断续铣削过程,有利于刀具的散热,从而降低了因温度累积而造成刀具磨损失效的风险。更重要的是,与传统钻孔相比,螺旋铣孔过程在冷却液的使用上有了很大的改进,整个铣孔过程可以采用微量润滑甚至空冷方式来实现冷却,是一个绿色环保的过程。第三,偏心加工的方式使得切屑有足够的空间从孔槽排出,排屑方式不再是影响孔质量的主要因素。因此相对于传统的钻孔技术,螺旋铣孔显著地提高了孔的质量和强度;螺旋铣孔属于断续切削,较低的铣削力使得加工的孔无毛刺;刀具直径比孔小,切屑得以顺利排出,使得孔表面的粗糙度值能大幅降低;在加工复合型材料时,消除了以往传统打孔由于刀尖钝化导致的脱层、剥离、孔表面质量低等情况。

传统钻孔刀具中心的切削能力低下,且易积聚发热快速磨损,刀具寿命普遍较低;螺旋铣孔则由于较低的铣削力使刀具寿命显著提高。且用一把刀可以加工多种孔径,大大缩短研制周期,节约加工成本。

对于铣孔用的刀具,一般采用常用的立铣刀或键槽铣刀即可,不再赘述。

2. 镗、铣孔工艺分析

对于镗、铣孔的加工,除了选择合适的刀具材料,切削用量之外,对通孔、盲孔的加工还应注意刀具形状及超越量的选择。应保证孔的整个表面都能被加工到,因此在安排走刀路线时要特别注意。

另外,在铣孔加工时,若没有预钻孔,则应采用螺旋下刀,要注意下刀点和螺旋进刀方向的选择,注意顺逆铣对孔表面质量的影响。

3. 镗、铣孔刀具介绍

（1）镗刀

镗刀主要用于高精度孔的加工,常见的有单刃镗刀如图 3-2-2 所示、双刃镗刀、浮动镗刀如图 3-2-3 所示。

动画
单刃镗刀
加工

动画
双刃镗刀
加工

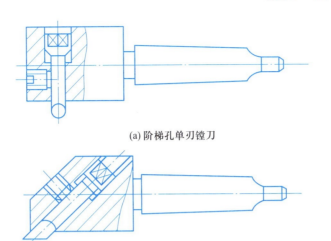

(a) 阶梯孔单刃镗刀

(b) 通孔单刃镗刀

图 3-2-2　单刃镗刀

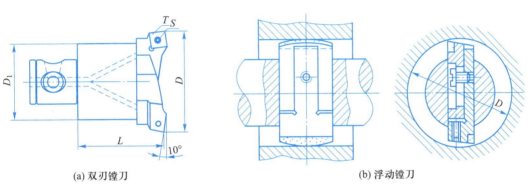

(a) 双刃镗刀　　　　　　　　　　　　　　(b) 浮动镗刀

图 3-2-3　双刃和浮动镗刀

（2）键槽铣刀

键槽铣刀主要用于键槽、型腔、孔的加工,常见的有单刃键槽铣刀、双刃键槽铣刀、多刃键槽铣刀等,如图 3-2-4 所示,因其切削刃通过端面的中心,固可以轴向进刀,一般情况下粗加工选择次数较少的刀具,精加工选择齿数较多的刀具,薄壁件的加工则选择密齿刀具。

4. 精镗孔循环指令

常用精镗孔循环有 G76 与反镗孔循环指令 G87

（1）指令格式

G76 X_Y_Z_R_Q_P_F_;

G87 X_Y_Z_R_Q_P_F_;

（2）孔加工动作

精镗孔动作如图 3-2-5 所示。

图 3-2-4　键槽铣刀

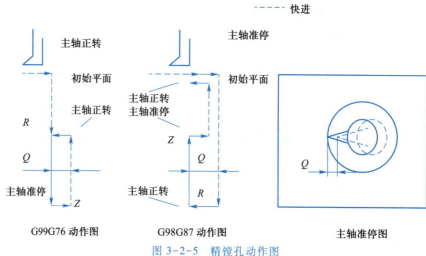

动画
G76 指令

图 3-2-5　精镗孔动作图

三、任务实施

1. 工艺分析

（1）零件加工内容及结构分析

该零件为方形零件,零件材料为 2A12 的硬铝。零件中央有一个通孔一个台阶孔,孔径分别为 φ30 mm 和 φ70 mm,且公差分别为 φ30+0.013 mm 和 φ70+0.03 mm,查表可知两孔公差等级分别为 H6 和 H7,为较精密的孔加工。无行径公差要求,结构较为简单,尺寸公差较为严格,必须用镗、铣孔的方法来加工。毛坯可选用 100 mm×100 mm×31 mm 的方料。

（2）精度分析

1）尺寸精度分析:该零件尺寸精度要求较高,φ30 mm 通孔为 H6,φ70 mm 盲孔为 H7,其他尺寸没有具体的精度要求,采用自由公差保证即可。

2）形位公差分析:该零件无具体形位公差要求,工艺安排较简单,加工、测量时无须考虑特殊要求,满足零件的一般使用性能即可。

3）表面粗糙度分析:该零件孔壁表面粗糙度值要求较高为 Ra3.2 μm,需采用粗精加工方可满足要求,其余表面粗糙度要求为 12.5 mm,采用一般粗加工即可。

（3）零件装夹分析

该零件因无形位公差要求,且为方料,故零件装夹较为简单,采用平口钳加垫铁支撑装夹,并以工件前后两个侧面为 Y 向定位基准,以工件底面为 Z 向定位基准即可满足加工要求。

（4）工件坐标系分析

因该零件属于对称工件,为便于装夹找正及坐标计算,故其工件坐标系的原点设置在工件上表面中心处。

（5）加工顺序及进给路线分析

1）中心钻定位及钻孔、扩孔走刀路线:中心钻定位和钻孔走刀路线为孔中心垂直下刀。

2）铣孔走刀路线如图 3-2-6 所示。

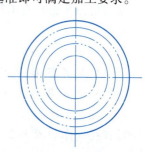

图 3-2-6　铣孔走刀路线图

154

任务2 镗、铣孔加工

3）镗孔走刀路线:镗孔走刀路线为孔中心垂直下刀。

（6）加工刀具分析

加工该零件主要采用中心钻定位,用麻花钻钻孔及扩孔,用键槽铣刀铣大直径高精度的盲孔,用镗刀镗小直径高精度的通孔,具体刀具选择见表3-2-1的刀具卡片。

表3-2-1 刀具卡片

工件名称				工件图号	3-2-1	
序号	刀具号	刀具规格名称	数量	刀长/mm	加工内容	刀具材料
1	T01	ϕ80 mm 面铣刀	1	50	铣端面	硬质合金
2	T02	ϕ3 mm 中心钻	1	75	钻中心孔	高速钢
3	T03	ϕ12 mm 麻花钻	1	120	钻底孔	高速钢
4	T04	ϕ20 mm 钻头	1	120	扩孔	高速钢
5	T05	ϕ28 mm 钻头	1	120	扩孔	高速钢
6	T06	ϕ12 mm 键槽铣刀	1	80	铣 ϕ70H7 孔	高速钢
7	T07	ϕ29.7 mm 粗镗刀	1		粗镗 ϕ30H6 孔	高速钢
8	T08	ϕ30H6 精镗刀	1		精镗 ϕ30H6 孔	高速钢

（7）切削用量选择

根据前期工艺分析,根据镗孔、钻孔、粗铣、精铣及刀具材料和工件材料、尺寸精度及表面质量要求,结合切削用量选择原则,该任务的切削用量选择见表3-2-2。

（8）建议采取工艺措施

为保证孔的位置准确,钻孔前需要用中心钻点窝定位,孔的表面粗糙度要求较高,孔径尺寸要求较高,故要粗精分开加工,且选择合适的切削用量。中心钻由于直径较细,故钻孔时转速适当升高,进给速度适当减小避免断刀。

具体工序卡片制定见表3-2-2。

表3-2-2 工序卡片

工件名称			工件图号		3-2-1	夹具名称	机用虎钳
工序	名称		工艺要求		使用设备		
1	备料		100 mm×100 mm×31 mm 方料一块 材料45钢		主轴转速 $n/$(r/min)	进给速度 $f/$(mm/min)	切削深度 $a_p/$mm
2	加工中心	工步	工步内容	刀具号			
		1	铣端面(MDI或手动方式)	T01	650	80	1
		2	ϕ3 mm 中心钻	T02	1 500	60	2
		3	ϕ12 mm 钻头钻底孔	T03	500	60	6
		4	ϕ20 mm 钻头 第一次扩孔	T04	350	50	2

155

续表

工序	名称		工艺要求		使用设备		
2	加工中心	5	φ28 mm 钻头 第二次扩孔	T05	250	45	2
		6	φ12 mm 键槽铣刀粗铣 φ70 H7 孔	T04	800	100	5
			φ12 mm 键槽铣刀精铣 φ70 H7 孔	T04	1 200	80	5
		7	φ29.8 mm 粗镗孔	T05	800	60	0.9
		8	φ30H8 精镗孔	T06	1 500	50	0.1
3	检验						

2. 程序编制

项目三任务 2(钻镗孔)的参考程序见表 3-2-3。项目三任务 2(铣孔)的参考程序见表 3-2-4。

表 3-2-3 项目三任务 2(钻镗孔)的参考程序

程序段号	FANUC 0*i* 系统程序	程序说明
	O0001;	程序名
N10	G90 G94 G21 G40 G54 F100;	程序初始化
N20	M03 S1500;	主轴正转,转速为 1 500 r/min
N30	G00X0.Y0.;	X、Y 向快速定位至起刀点
N40	Z10.;	Z 向定位至工件上方 10 mm 处
N50	G98G81X0Y0Z-2.R5.F60;	钻中心孔
N60	G00Z20.;	抬刀
N70	M05;	主轴暂停
N80	G80G91G28Z0;	返回机床零点
N90	M00;	程序暂停
N100	G90 G40 G54 M03 S500;	手动换 φ12 mm 钻头后,主轴以 500 r/min 正转
N110	G98G81X0Y0Z-33.R5.F60;	钻底孔
N120	G00Z20.;	抬刀
N130	M05;	主轴暂停
N140	G80G91G28Z0;	返回机床零点
N150	M00;	程序暂停
N160	G90 G40 G54 M03 S350;	手动换 φ20 mm 钻头后,主轴以 350 r/min 正转
N170	G98G73X0Y0Z-33.R5.Q2.F50;	第一次扩孔至 φ20 mm
N180	G00Z20.;	抬刀
N190	M05;	主轴暂停
N200	G80G91G28Z0;	返回机床零点
N210	M00;	程序暂停

续表

程序段号	FANUC 0i 系统程序	程序说明
N220	G90 G40 G54 M03 S250;	手动换 ϕ28 mm 钻头后,主轴以 250 r/min 正转
N230	G98G73X0Y0Z-33.R5.Q2.F45;	第二次扩孔至 ϕ28 mm
N240	G00Z20.;	抬刀
N250	M05;	主轴暂停
N260	G80G91G28Z0;	返回机床零点
N270	M00;	程序暂停
N280	G90 G40 G54 M03 S800;	手动换 ϕ29.8 mm 粗镗刀后,主轴以 800 r/min 正转
N290	G98G85X0Y0Z-33.R5.F60;	粗镗孔至 ϕ29.8 mm
N300	G00Z20.;	抬刀
N310	M05;	主轴暂停
N320	G80G91G28Z0;	返回机床零点
N330	M00;	程序暂停
N340	G90 G40 G54 M03 S1500;	手动换 ϕ30 mm 精镗刀后,主轴以 1 500 r/min 正转
N350	G98G85X0Y0Z-32.R5.F50;	精镗孔至 ϕ30 mm
N360	G00Z20.;	抬刀
N370	G80G91G28Z0;	返回机床零点
N380	M30;	程序结束

表 3-2-4　项目三任务 2(铣孔)的参考程序

程序段号	FANUC 0i 系统程序	程序说明
	O0002;	主程序名
N10	G90 G94 G21 G40 G54 F100;	程序初始化
N20	M03 S800;	主轴正转,转速为 800 r/min
N30	G00X0.Y0.;	快速定位至起刀点
N40	Z10.;	Z 向定位至安全高度
N50	G01Z0F50;	Z 向定位至工件表面
N60	M98P3L2;	调用 3 号子程序 2 次
N70	G90G00Z20.;	Z 向退刀至工件上方 20 mm 处
N80	M30;	程序结束
N10	O0003;	子程序名
N110	G91G01Z-2.5F50;	Z 向切削,深度为 2.5 mm
N120	G90G41G01X25.Y-10.D01;	建立刀具半径补偿
N130	G03X35.Y0R10.;	圆弧切入
N140	G03X35.Y0.I-35.J0;	铣孔
N150	G03X25.Y10.R10.;	圆弧切出

续表

程序段号	FANUC 0i 系统程序	程序说明
N160	G40G01X0Y0；	取消刀具补偿
N170	M99；	程序结束

3. 仿真加工

（1）加工技术要求

毛坯尺寸：100 mm×100 mm×31 mm

材　料：2A12 铝

加工刀具：ϕ80 mm 端铣刀、ϕ3 mm 中心钻、ϕ12 mm 键槽铣刀、ϕ12 mm、ϕ20 mm、ϕ28 mm 钻头，ϕ29.8 mm、ϕ30 H6 镗刀。

夹　具：机用虎钳

（2）仿真操作步骤

1）选择机床。

2）机床回零。

3）确定毛坯尺寸，选择夹具并完成工件装夹。

4）确定工件原点，建立工件坐标系（G54）。

5）选择并安装刀具。

6）刀具参数的输入。

7）录入程序。

8）程序试运行（调试程序）。

9）自动加工。

10）保存项目文件。

（3）参考程序见表 3-2-3、表 3-2-4。

（4）加工结果如图 3-2-7 所示。

4. 实操加工

（1）图样分析

根据图样要求，本任务需要完成两项内容：

镗削 $\phi30_{0}^{0.013}$ mm 的通孔。

铣削 $\phi70_{0}^{0.03}$ mm 的盲孔。

（2）装夹

工件采用机用精密平口钳装夹。

（3）镗孔加工技巧

用于粗镗的机夹式刀片以 M 级为多，M 级刀片内接圆的精度公差是 ±0.05～±0.13 mm，即使是 G 级的刀片也有 ±0.025 mm 的公差。再加上刀片座自身以及刀片座与镗头之间的连接公差，使得两刃往往在轴向尺寸不一致。因此在实际加工时要注意在机检测，及时调整参数，保证加工精度。

（4）零件检测

该零件孔径较大，可采用内径千分尺或三坐标测量机完成孔径测量，采用深度千分尺或

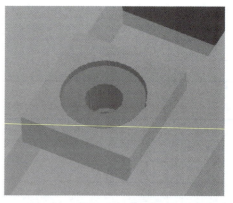

图 3-2-7　项目三任务 2 的加工结果

三坐标测量机完成孔深测量。

四、任务评价

按照表 3-2-5 评分标准进行评价。

表 3-2-5 评 分 标 准

姓名				图号	3-2-1	开工时间		
班级				小组		结束时间		
序号	名称	检测项目/mm	配分		评分标准	测量结果	得分
			IT	$Ra/\mu m$			
1	孔径	$\phi30^{0.013}_{0}$	15	10	超差不得分		
2		$\phi70^{0.03}_{0}$	15	10	超差不得分		
3	孔深	5 ± 0.05	15	10	超差不得分		
4		30	15	10	超差不得分		
合计			100				

五、拓展训练

完成如图 3-2-8 所示的孔类零件的加工,加工完成后检验工件是否符合要求。

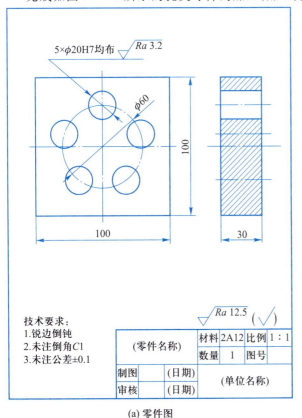

(a) 零件图

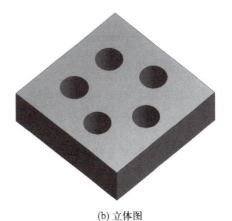

(b) 立体图

图 3-2-8 镗铣孔拓展练习

159

任务 3　螺纹孔加工

一、任务描述

本任务要求完成如图 3-3-1 所示工件的加工,该任务主要是螺纹孔加工。通过学习掌握丝锥、螺纹铣刀的种类及特点,并合理选择螺纹孔加工用刀具及切削用量;掌握常用 G74、G84 等螺纹切削指令;最终通过仿真、实操完成该任务加工。

三维动画
螺纹孔零件

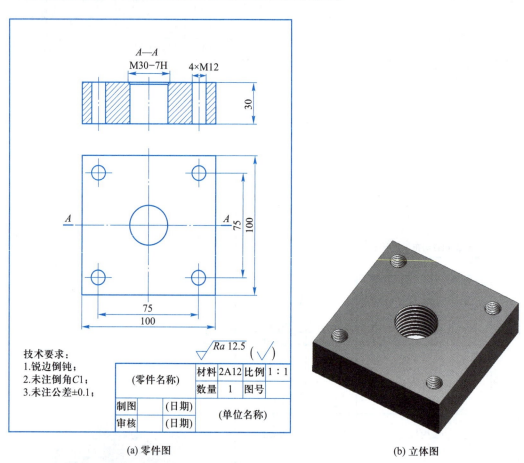

(a) 零件图　　　　　　　　　　　　　　(b) 立体图

图 3-3-1　项目三任务 3 工件

二、相关知识

1. 螺纹的基本介绍

螺纹的结构和尺寸是由牙型、大径和小径、螺距和导程、线数、旋向等要素确定的。螺纹按牙形可分为普通三角螺纹、梯形螺纹、矩形螺纹、锯齿形螺纹等,按线数可分为单线、双线、多线螺纹,按旋向可分为左旋和右旋螺纹,按螺距分有等螺距和变螺距螺纹等。

　　CNC 编程加工最多的是普通螺纹,螺纹牙形为三角形,牙型角为 60°,普通螺纹分粗牙普通螺纹和细牙普通螺纹。粗牙普通螺纹的螺距是标准螺距,其代号用字母"M"及公称直径表示,如 M16、M12 等。细牙普通螺纹代号用字母"M"及公称直径×螺距表示,如 M24×1.5、M27×2 等。常见螺纹螺距对照表见表 3-3-1。

表 3-3-1　常见螺纹螺距对照表

公称直径	粗牙螺距/mm	细牙螺距/mm
M1.1	0.25	0.2
M1.6	0.35	0.2
M2	0.4	0.25
M2.5	0.45	0.35
M3	0.5	0.35
M4	0.7	0.5
M5	0.8	0.5
M6	1	0.75,(0.5)
M8	1.25	1,0.75,(0.5)
M10	1.5	1.25,1,0.75,(0.5)
M12	1.75	1.5,1.25,1,(0.75),(0.5)
(M14)	2	1.5,1.25,1,(0.75),(0.5)
M16	2	1.5,1.25,1,(0.75),(0.5)
(M18)	2.5	2,1.5,1.25,1,(0.75),(0.5)
M20	2.5	2,1.5,1.25,1,(0.75),(0.5)
(M22)	2.5	2,1.5,1.25,1,(0.75),(0.5)
M24	3	2,1.5,1,(0.75)
M30	3.5	3,2,1.5,1,(0.75)
M36	4	3,2,1.5,(1)
M42	4.5	(4),3,2,1.5,(1)
M48	5	(4),3,2,1.5,(1)

2. 螺纹的加工方法及选择

　　螺纹加工是在预先加工好的圆柱面上加工出特殊形状螺旋槽的过程,数控铣床上螺纹的加工方法主要有攻螺纹和铣螺纹。

　　内螺纹的加工根据孔径的大小确定,一般情况下,M6~M20 之间的螺纹,常采用攻螺纹的方法加工,因为数控铣床/加工中心上攻小直径的螺纹丝锥容易折断,M6 以下的螺纹,可在加工中心上完成底孔加工再通过其他手段攻螺纹。对于外螺纹或 M20 以上的内螺纹,一般采用铣削的加工方法。

3. 攻螺纹(攻丝)与螺纹铣削的对比

1) 攻丝更简单普遍,便于操作。对机床等设备要求不高,一般的铣床都可完成,且要求机床的转速较低。相反,螺纹铣削至少需要一台具有螺旋插补编程功能的 CNC 加工中心,且要求有较高的切削速度和进给量。

2) 攻丝的螺纹孔径会受到丝锥直径的限制,而一把螺纹铣刀能解决某个范围孔径的螺纹加工,而且能轻而易举地加工大螺纹孔。

3) 攻丝可用于硬度不超过 50HRC 的材料,而螺纹铣削可用于硬度不超过 60HRC 的材料加工,工艺范围更宽。

4) 丝锥仅能加工该丝锥本身所确定的左旋或右旋的螺纹,而铣螺纹,只要简单地改变 CNC 编程就能加工出左旋或右旋螺纹。

5) 丝锥的排屑槽较小,加工条件不理想,加工中不利于排屑润滑,而螺纹铣刀留有足够的排屑空间,加工条件较好。

6) 丝锥磨损、加工螺纹尺寸小于公差后则无法继续使用,只能报废;而当螺纹铣刀磨损、加工螺纹孔尺寸小于公差时,可通过数控系统进行必要的刀具半径补偿调整后,就可继续加工出尺寸合格的螺纹。

4. 铣床螺纹加工刀具介绍

(1) 丝锥

丝锥主要用于小直径内螺纹孔的加工,常见的有直槽丝锥、螺旋槽丝锥、挤压丝锥等如图 3-3-2 所示。

(a) 直槽丝锥　　　　　(b) 螺旋槽丝锥　　　　　(c) 挤压丝锥

图 3-3-2　常见丝锥

其中,直槽丝锥应用最广,刃角强度高,可加工较硬材料。而螺旋槽丝锥,则更便于排屑,适合于盲孔或深孔加工。挤压丝锥没有排屑槽,主要通过金属的塑性变形加工螺纹,因其没有切削,所以内螺纹加工质量较高,多用于延展性较好的软材加工。

(2) 螺纹铣刀

螺纹铣刀主要用于内外螺纹的高速铣削加工,目前螺纹铣刀的制造材料为硬质合金,加工线速度可达 80~200 m/min,加工效率非常高。常见的螺纹铣刀有单齿机夹螺纹铣刀、多齿机夹螺纹铣刀(螺纹梳刀)、整体圆柱螺纹铣刀等,如图 3-3-3 所示。

单齿机夹螺纹铣刀:结构像内螺纹车刀,刀片与车刀通用,只有一个螺纹加工齿,一个螺旋运动只能加工一齿。效率低。可加工相同齿形,任意螺距的螺纹。

多齿机夹螺纹铣刀(螺纹梳刀):刀刃上有多个螺纹加工齿。刀具螺旋运动一周便可以加工出多个螺纹齿,加工效率高。刀片更换方便且价格低廉。只能加工与刀片相同齿形螺距的螺纹,所以称为定螺距螺纹铣刀。

整体式圆柱螺纹铣刀:刀刃上也有多个螺纹加工齿,也是一种定螺距螺纹铣刀。刀具由整体硬质合金制成,刚性好,能有较高的切削速度和进给速度,能加工高硬材料。结构紧凑,能加工中小直径的内螺纹,但价格较贵。

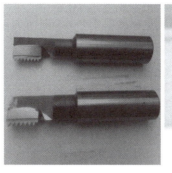

(a) 单齿螺纹铣刀　　(b) 多齿螺纹铣刀　　(c) 整体螺纹铣刀

图 3-3-3　常见螺纹铣刀

5. 螺纹加工固定循环指令详解

常用的螺纹孔固定循环指令有 G74 和 G84 两个。

（1）指令格式

G74 X_Y_Z_R_ P_F_；

G84 X_Y_Z_R_ P_F_；

（2）螺纹孔加工动作

螺纹孔加工动作如图 3-3-4 所示。

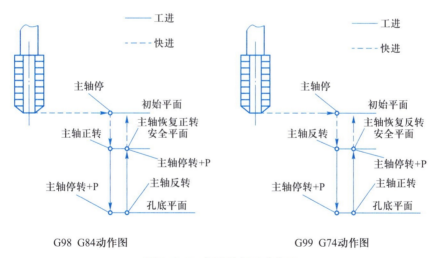

G98 G84动作图　　　　　G99 G74动作图

图 3-3-4　螺纹孔加工动作图

三、任务实施

1. 工艺分析

（1）零件加工内容及结构分析

该零件为方形零件，零件材料为 2A12 的硬铝。零件中央有一个大的螺纹通孔，四个角有 4 个小的螺纹通孔，是典型的螺纹孔加工。加工时必须先预制螺纹底孔，然后选择丝锥加工 4 个小孔，选择螺纹铣刀加工中间的大螺纹孔。毛坯可选用 100 mm×100 mm×31 mm 的方料。

（2）精度分析

1）尺寸精度分析：该零件尺寸精度要求一般，中间 M30 螺纹孔径要求为 H7，其余螺纹孔无特殊公差要求。

2）形位公差分析：该零件无具体形位公差要求，孔的位置精度均为自由公差，故工艺安排较简单，加工、测量时无须考虑特殊要求，满足零件的一般使用性能即可。

3）表面粗糙度分析：该零件表面粗糙度无特殊要求，均为 $Ra12.5\ \mu m$，采用一般的机械加工即可满足要求。

（3）零件装夹分析

该零件因无形位公差要求，且为方料，故零件装夹较为简单，采用平口钳加垫铁支撑装夹，并以工件前后两个侧面为 Y 向定位基准，以工件底面为 Z 向定位基准即可满足加工要求。

（4）工件坐标系分析

因该零件属于对称工件，为便于装夹找正及坐标计算，故其工件坐标系的原点设置在工件上表面中心处。

（5）加工顺序及进给路线分析

1）钻底孔、攻螺纹走刀路线：钻底孔走刀路线为孔中心垂直下刀。

2）铣螺纹孔走刀路线如图 3-3-5 所示。

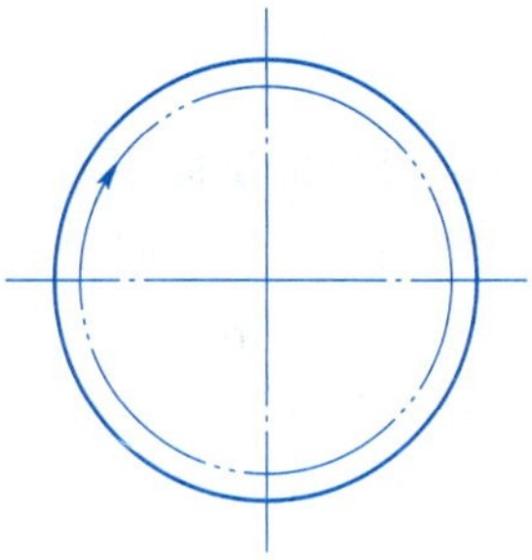

图 3-3-5　铣螺纹孔走刀
路线图

（6）加工刀具分析

加工该零件主要采用麻花钻预钻孔，用 M12 丝锥加工 4 个小螺纹孔，用单齿三角螺纹铣刀铣削加工中间大的螺纹孔，具体刀具选择见表 3-3-2 的刀具卡片。

表 3-3-2　刀 具 卡 片

工件名称				工件图号	3-3-1	
序号	刀具号	刀具规格名称	数量	刀长/mm	加工内容	刀具材料
1	T01	φ80 mm 面铣刀	1	50	铣端面	硬质合金
2	T02	φ10.5 mm 麻花钻	1	120	钻 5 个底孔	高速钢
3	T03	φ20 mm 麻花钻	1	120	扩孔	高速钢
4	T04	φ12 mm 键槽铣刀	1	80	铣孔	高速钢
5	T05	M12 丝锥	1	60	攻丝	高速钢
6	T06	60°三角螺纹铣刀	1	120	铣 M30H7 孔	硬质合金

（7）切削用量选择

根据前期工艺分析，以及钻孔、攻螺纹、铣螺纹、粗铣、精铣及刀具材料和工件材料、尺寸精度及表面质量要求，结合切削用量选择原则，该任务的切削用量选择见表 3-3-3。

（8）建议采取工艺措施

为保证孔的各个直径正确，预钻孔时要注意孔径的选择，且加工时注意切削用量的确定对螺纹表面质量的影响。建议选择乳化切削液。同时注意攻丝和铣螺纹时导入量与超越量

的预留,特别是攻螺纹时注意排屑和刀具的折断。

具体工序卡片制定见表 3-3-3。

表 3-3-3　工 序 卡 片

工件名称			工件图号	3-3-1	夹具名称	机用虎钳
工序	名称	工艺要求		使用设备		
1	备料	100 mm×100 mm×31 mm 方料一块 材料 45 钢		主轴转速 $n/(\text{r/min})$	进给速度 $f/(\text{mm/min})$	切削深度 a_p/mm
2	加工中心	工步	工步内容	刀具号		
		1	铣端面(MDI 或手动方式)	T01	650	80	1
		2	$\phi3$ mm 中心钻	T02	1 500	60	2
		3	$\phi20$ mm 钻头扩孔	T03	500	60	5
		5	$\phi10.5$ mm 钻头钻 M12 螺纹底孔	T05	500	50	5
		6	$\phi12$ mm 键槽铣刀铣 M30 螺纹底孔	T04	800	100	5
		7	M12 丝锥攻丝	T04	60	105	1.75
		8	铣削 M30 螺纹	T05	1 500	100	3.5
3	检验					

2. 程序编制

项目三任务 3(铣螺纹底孔)的参考程序见表 3-3-4。项目三任务 3(铣螺纹)的参考程序见表 3-3-5。

表 3-3-4　项目三任务 3(铣螺纹底孔)的参考程序

程序段号	FANUC 0i 系统程序	程序说明
	O0001;	程序名
N10	G90 G94 G21 G40 G54 F100;	程序初始化
N20	M03 S1500;	主轴正转,转速为 1 200r/min
N30	G00X0Y0;	快速定位至起刀点
N40	Z10.;	Z 向定位至安全高度
N50	G99G81X0Y0Z-2.R5.F60;	
N60	X-35.Y35.;	
N70	X35.;	钻中心孔
N80	X-35.Y-35.;	
N90	X35.;	
N100	G80G91G28Z0;	返回机床零点

项目三　孔系零件加工

续表

程序段号	FANUC 0i 系统程序	程序说明
N110	M05;	主轴暂停
N120	M00;	程序暂停
N130	G90 G40 G54 M03 S800;	手动换 ϕ20 mm 钻头后,主轴以 800 r/min 正转
N140	G99G73X0Y0Z-30.R5.Q5.F60;	第一次扩孔至 ϕ20 mm
N150	G80G00Z20.;	抬刀
N160	M05;	主轴暂停
N170	G80G91G28Z0;	返回机床零点
N180	M00;	程序暂停
N190	G90 G40 G54 M03 S800;	手动换 ϕ10.5 mm 钻头
N200	G99G73X-35.Y35.Z-30.R5.Q5.F60;	钻 M12 螺纹底孔
N210	X35.;	
N220	X-35.Y-35.;	
N230	X35.;	
N240	G80G00Z20.;	抬刀
N250	M05;	主轴暂停
N260	G80G91G28Z0;	返回机床零点
N270	M00;	程序暂停
N280	G90 G40 G54 M03 S60;	手动换 M12 丝锥后,主轴以 60 r/min 正转
N290	G99G84X-35.Y35.Z-30.R5.F1.75;	攻丝
N300	X35.;	
N310	X-35.Y-35.;	
N320	G98　X35.;	
N330	G00Z100.;	退刀至工件上方 100 mm 处
N340	M05;	主轴暂停
N350	G80G91G28Z0;	返回机床零点
N360	M00;	程序暂停
N370	G90 G40 G54 M03 S800 F100;	手动换 ϕ12 mm 键槽铣刀后,主轴以 800 r/min 正转
N380	G00X0Y0;	快速定位至起刀点
N390	G01Z0F50;	Z 向定位至工件表面
N400	M98P2L6;	调用 2 号子程序 6 次
N410	G90G00Z20.;	退刀至工件上方 20 mm 处

166

续表

程序段号	FANUC 0i 系统程序	程序说明
N420	M30;	程序结束
	O0002;	子程序名
N10	G91G01Z-5.F50;	Z 向切深 5 mm
N20	G90G41G01X5.5Y-8.D01;	建立刀具补偿
N30	G03X13.5Y0R8.;	圆弧切入
N40	G03X13.5Y0I-13.5J0;	铣螺纹底孔
N50	G03X5.5Y8.R8.;	圆弧切出
N60	G40G01X0Y0;	取消刀具补偿
N70	M99;	程序结束

表 3-3-5　项目三任务 3(铣螺纹)的参考程序

程序段号	FANUC 0i 系统程序	程序说明
	O0001;	程序名
N10	G90 G94 G21 G40 G54 F100;	程序初始化
N20	M03 S1500;	主轴正转,转速为 1 200 r/min
N30	G00X0Y0;	快速定位至起刀点
N40	Z10.;	Z 向定位至安全高度
N50	G01Z0;	Z 向定位至工件表面
N60	M98P2L10;	调用 2 号子程序 10 次
N70	G90G00Z100.;	退刀至工件上方 100 mm 处
N80	M30;	程序结束
N10	O0002;	子程序名
N20	G90G42G01X15.Y0D01;	建立刀具半径补偿
N30	G91G02X0Y0Z-3.5I-15.J0;	铣螺纹
N40	G90G40G01X0Y0;	取消刀具补偿
N50	M99;	程序结束

3. 仿真加工

(1) 加工技术要求

毛坯尺寸:100 mm×100 mm×31 mm

材　料:2A12 铝

螺纹孔加工仿真操作

加工刀具:ϕ80 mm 端铣刀、ϕ3 mm 中心钻、ϕ0.5 mm、ϕ20 mm、ϕ12 mm 键槽铣刀、M12 丝锥、60°单刃三角螺纹铣刀。

夹　　具:机用虎钳

（2）仿真操作步骤

1）选择机床。

2）机床回零。

3）确定毛坯尺寸,选择夹具并完成工件装夹。

4）确定工件原点,建立工件坐标系(G54)。

5）选择并安装刀具。

6）刀具参数的输入。

7）录入程序。

8）程序试运行(调试程序)。

9）自动加工。

10）保存项目文件。

（3）参考程序

参考程序见表3-3-4、表3-3-5。

（4）加工结果

加工结果如图3-3-6所示。

图3-3-6　项目三任务3的加工结果

4. 实操加工

（1）图样分析

根据图样要求,本任务需要完成两项内容:

1）M12 螺纹孔的加工。

2）M30-7H 螺纹孔的加工。

（2）装夹

工件采用机用精密平口钳装夹。

（3）螺纹孔加工技巧

1）合理选择刀具或刀片的大小。选择丝锥时,首先,必须按照所加工的材料选择相应的丝锥,刀具公司根据加工材料的不同生产不同型号的丝锥,选择时要特别注意。选择螺纹铣刀时,一般为硬质合金材料,螺纹铣削法特别适用于不锈钢、铜等比较难加工材料的螺纹加工,易于排屑和冷却,能保证加工的质量和安全。

2）螺纹编程加工时要注意导入量与超越量的设定。

3）在加工前,首先确定合理的走刀次数,并计算出每次走刀的合理背吃刀量。

4）在铣削螺纹之前,要将螺纹底孔加工好,一般对于小孔径采用钻头加工,而大孔径采用立铣刀铣削或镗刀镗孔。

5）在铣削螺纹过程中,刀具沿 X、Y 轴作一个圆周插补时,刀具在 Z 方向下降一个螺距(P)(对于梳刀下降 $n×P$,n 为梳刀齿数)。

（4）零件检测。

该零件主要结构为螺纹孔,可采用相应规格的螺纹塞规进行测量。

四、任务评价

按照表3-3-6评分标准进行评价。

表3-3-6 评分标准

姓名				图号		3-3-1	开工时间	
班级				小组			结束时间	
序号	名称	检测项目	配分		评分标准		测量结果	得分
			IT	$Ra/\mu m$				
1	孔径	M12 四处	40	20	超差不得分			
2		M30-7H	10	10	超差不得分			
3	孔深	30	10	10	超差不得分			
合计			100					

五、拓展训练

完成如图3-3-7所示螺纹孔的加工,加工完成后检验工件是否符合要求。

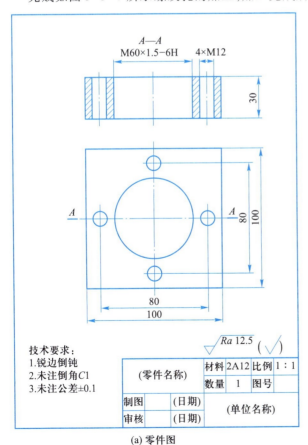

技术要求:
1. 锐边倒钝
2. 未注倒角C1
3. 未注公差±0.1

$\sqrt{Ra\,12.5}$ ($\sqrt{}$)

(零件名称)		材料	2A12	比例	1:1
		数量	1	图号	
制图	(日期)	(单位名称)			
审核	(日期)				

(a) 零件图

(b) 立体图

图 3-3-7 螺纹孔拓展练习

综合任务

一、任务描述

本次综合任务是完成孔类零件的加工,工件如图 3-4-1 所示。

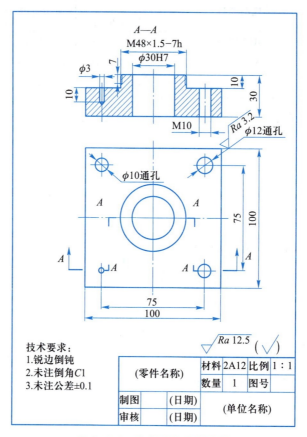

图 3-4-1 孔类零件的任务图

二、任务实施

该综合任务包含通孔、盲孔、螺纹孔、外螺纹、深孔、较高精度孔等孔系加工,加工时要注意加工工艺的设计以及加工路线的安排。

1.工艺分析

完成该任务的刀具选择并填写数控加工刀具卡片(见表 3-4-1)。

完成该任务的加工工艺拟定并填写数控加工工艺卡片(见表 3-4-2)。

表 3-4-1　数控加工刀具卡片

工件名称				工件图号		3-4-1	
刀具号	刀具名称	刀具规格	加工内容	刀尖半径	刀尖方位号	备注	
T01							
T02							
T03							
T04							

教师审核签名：

表 3-4-2　数控加工工艺卡片

工件名称		工件图号	3-4-1	使用设备		夹具名称		
工序号	名称	工步号	工步内容	刀具号	主轴转速 $n/(\text{r/min})$	进给速度 $f/(\text{mm/r})$	切削深度 a_{p}/mm	备注

教师审核签名：

2. 程序编制

编制该任务的加工程序。

3. 仿真及实操加工

按照所编制程序、工序完成仿真及实操加工。

三、 任务评价

按照表 3-4-3 评分标准进行评价。

表 3-4-3　评 分 标 准

姓名				图号		3-4-1	开工时间	
班级				小组			结束时间	
序号	名称		检测项目/mm	配分		评分标准	测量结果	得分
				IT	$Ra/\mu\text{m}$			
1	孔径		$\phi 3$	5	5	超差不得分		
2			$\phi 10$	5	5	超差不得分		

序号	名称	检测项目/mm	配分		评分标准	测量结果	得分
			IT	$Ra/\mu\text{m}$			
3	直径	φ12	5	5	超差不得分		
4		φ30H7	5	5	超差不得分		
5		M10	5	5	超差不得分		
6		M48×1.5-7h	5	5	超差不得分		
7	深度	7	5	5	超差不得分		
8		10	5	5	超差不得分		
9		30	5	5	超差不得分		
10	凸台高	10	5	5	超差不得分		
合计			100				

项目四

复杂零件加工

如图 4-0-1 所示的工件包含平面、轮廓、型腔、薄壁、曲面、岛屿、细长圆柱等结构,是一个典型的复杂零件。加工时,需要根据前期任务的实施经验,掌握刀具直径选择、切削用量计算、分层切削、刀具干涉、工件装夹及校正、尺寸测量、顺逆铣、内外轮廓的切入切出、下刀方式、孔的加工、细小圆柱加工等工艺知识,特别注意薄壁件、曲面类零件的加工方法。本项目重在学习自动编程软件的运用;宏程序编程的思路等编程知识。下面通过薄壁岛屿类零件加工、曲面类零件加工等两个具体任务的解析与实践,为实施本项目提供所必需的理论知识和实操经验,并在综合任务中完成该复杂零件的加工。

图 4-0-1 复杂零件实体图

三维
动画
复杂零件

任务 1 薄壁岛屿类零件加工

一、 任务描述

本任务要求完成如图 4-1-1 所示工件的加工,该任务主要是薄壁、岛屿加工。通过学习掌握薄壁与岛屿加工的铣削加工工艺,能正确使用分层切削及高速切削的加工方法,能合理选择切削用量及刀具直径,有效避免振动及干涉过切现象;掌握 CAXA 制造工程师 2013 版本的建模、自动编程、导轨生成及后置设置过程,重点学习平面轮廓粗加工的参数设置,并能够将程序传输到数控机床,完成加工。

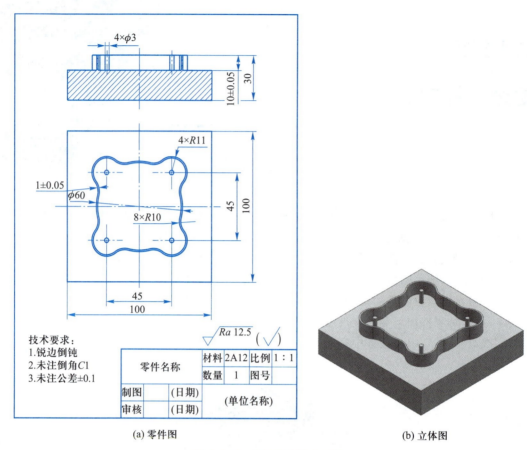

(a) 零件图　　　　　　　　　　　　　　(b) 立体图

图 4-1-1　项目四任务 1 工件

二、相关知识

1. 薄壁件的工艺特点

所谓薄壁工件是指壁高与壁厚之比大于 10 的工件,一般具有加工精度高、刚性差、易变形等特点。

铣削薄壁工件时,变形是多方面的。主要由于装夹工件时的夹紧力、切削工件时的切削力、工件阻碍刀具切削时产生的弹性变形和塑性变形等使切削区温度升高而产生热变形。提高薄壁工件加工精度和效率的措施如下。

1)切削力的大小与切削用量密切相关。根据金属切削原理可以知道,背吃刀量 a_p、进给量 f、切削速度 v_c 是切削用量的三个要素。

2)背吃刀量和进给量同时增大,切削力也增大,变形也大,对铣削薄壁工件极为不利。减少背吃刀量,增大进给量,切削力虽然有所下降,但工件表面残余面积增大,表面粗糙度值大,使强度不好的薄壁工件内应力增加,同样也会导致工件的变形。

3)通常,我们可以采用高速铣削来加工。工件的高速铣削一般分为粗加工和精加工,粗加工的主要任务是高效率的去除余料,并保证精加工余量均匀,精加工的主要任务是保证加工精度和表面质量要求,同时还应具备高的加工效率。高速加工的切削力小,切削温度低,切削变形小,一般采用粗精加工即可,在粗加工时,材料去除量大,加工时在切削力、切削热的影响下,使工件产生一定程度的变形,随着多余材料的去除,工件的刚性逐渐降低,工件振动会进一步加剧,因此我们不能采用以前的加工方法(加工一个轮廓保证一个轮廓的方法),应采用交替加工法(先粗外,再粗内,最后再精外、内)。

4) 在编辑程序时尽量采用顺铣,在安排刀具走刀路线时,刀具尽量平滑的切入切出工件,保证切削平稳,防止因切削力的突变,而造成刀具的偏斜,甚至造成刀具的折断或崩刃。

2. 岛屿类工件的工艺特点

带岛屿的工件加工,实际上就是内、外轮廓的混合加工,需要特别注意的是加工过程中刀具走刀路线的设计,一定要注意刀具移动过程中的干涉,还有就是岛屿的清根加工,要注意刀具的选择。

3. 加工阶段的划分

对重要的工件,为了保证加工质量和合理地使用设备,工件的加工过程可划分为四个阶段,即粗加工阶段、半精加工阶段、精加工阶段和精密加工(包括光整加工)阶段。

(1) 加工阶段的性质

1) 粗加工阶段。粗加工的任务是切除毛坯上大部分多余的金属,使毛坯在形状和尺寸上接近工件成品,减小工件的内应力,为精加工做好准备。因此,粗加工的主要目标是提高生产率。

2) 半精加工阶段。半精加工的任务是使主要表面达到一定的精度并留有一定的精加工余量,为主要表面的精加工做好准备,并可完成一些次要表面(如攻螺纹、铣键槽等)的加工。热处理工序一般放在半精加工前后。

3) 精加工阶段。精加工是从工件上切除较少的余量,所得精度比较高,表面粗糙度值比较小的加工过程。其任务是全面保证工件的尺寸精度及表面粗糙度等加工要求。

4) 精密加工阶段。精密加工主要用于加工精度和表面粗糙度要求很高(IT6 级以上,表面粗糙度 $Ra0.4\mu m$ 以下)的工件,其主要目标是进一步提高尺寸精度,减小表面粗糙度值,精密加工对位置精度影响不大。

并非所有工件的加工都要经过四个加工阶段。因此,加工阶段的划分不应绝对化,应根据工件的质量要求、结构特点、毛坯情况和生产纲领灵活掌握。

(2) 划分加工阶段的目的

1) 保证加工质量。工件在粗加工阶段切削的余量较多,因此,铣削力和夹紧力较大,切削温度也较高,工件的内应力也将重新分布,从而产生变形。如果不进行加工阶段的划分,将无法避免产生误差。

2) 合理使用设备。粗加工可采用功率大、刚性好和精度低的机床加工,铣削用量也可取较大值,从而充分发挥设备的潜力;精加工的切削力小,对机床破坏小,从而保持设备的精度。因此,划分加工过程阶段既可提高生产率,又可延长精密设备的使用寿命。

3) 便于及时发现毛坯缺陷。对于毛坯的各种缺陷(如铸件、夹砂和余量不足等),在粗加工后即可发现,便于及时修补或决定报废,避免造成浪费。

4) 便于组织生产,通过划分加工阶段,便于安排一些非切削加工工艺,(如热处理工艺、去应力工艺等),从而有效地组织生产。

4. 加工顺序的安排

加工顺序(又称工序)通常包括切削加工工序、热处理工序和辅助工序。本书主要介绍切削加工工序。通常在数控铣、加工中心上安排加工顺序的原则一般有以下几个：

(1) 基面先行原则

用作精基准的表面应优先加工出来,因为定位基准的表面越精确,装夹误差就越小。

(2) 先粗后精原则

各个表面的加工顺序按照粗加工→半精加工→精加工→精密加工的顺序依次进行,逐步提高表面的加工精度和减小表面粗糙度值。

(3) 先主后次原则

工件的主要工作表面、装配基面应先加工,从而能及早发现毛坯中主要表面可能出现的缺陷。次要表面可穿插进行,放在主要加工表面加工到一定程度后、最终精加工之前进行。

(4) 先面后孔原则

对箱体、支架类工件,平面轮廓尺寸较大,一般先加工平面,再加个孔和其他尺寸,这样安排加工顺序,一方面用已加工平面定位稳定可靠;另一方面在已加工平面上加工孔比较容易,并能提高孔的加工精度,特别是钻孔,孔的轴线不易偏斜。

5. 表面质量对工件使用性能的影响

(1) 对工件耐磨性的影响

工件的耐磨性和材料、热处理,工件接触面的表面粗糙度有关。两个工件接触时,实质上只是两个工件接触面积上的一些凸峰互相接触。工件表面粗糙度值越大,磨损越快,但如果工件的表面粗糙度值小于合理值,则由于摩擦面之间润滑油被挤出而形成干摩擦,从而使损坏加快。实验证明,最佳的表面粗糙度值大致为 $Ra0.3\sim1.2~\mu m$。另外,工件表面有冷作硬化层或经淬硬,也可提高工件的耐磨性。

(2) 对工件疲劳强度的影响

当残余应力为拉应力时,在拉应力作用下,会使表面的裂纹扩大,而降低工件的疲劳强度,减少了产品的使用寿命。相反,残余压应力可以延缓疲劳裂纹的扩展,可提高工件的疲劳强度。

(3)对工件配合性质的影响

在间隙配合中,如果配合表面粗糙,磨损后会使配合间隙增大,改变原配合性质。在过盈配合中,如果配合表面粗糙,则装配后表面的凸峰将被挤平,而使有效过盈减小,降低配合的可靠性。

6. 粗精加工时切削液的合理选择

用高速钢刀具粗加工时,以水溶液冷却,主要降低切削温度;精加工时采用中、低速加工,选用润滑性能好的极压切削油或高浓度的极压乳化液,主要改善已加工表面的质量和提高刀具使用寿命。用硬质合金刀具粗加工时,采用低浓度的乳化液或水溶液,必须连续地、充分地浇铸;精加工时采用的切削液与粗加工时基本相同,但应适当提高其润滑性能。在铣削过程中充分使用切削液不仅减小了切削力,刀具的寿命也得到了延长,工件表面粗糙度值也降低了,同时工件不受切削热的影响而使其加工尺寸和几何精度发生变化,保证了工件的加工质量。

7. 自动编程介绍

（1）自动编程的过程

自动编程的过程是从获取零件信息开始的,首先分析图样工艺,然后利用 CAD 软件造型,通过 CAM 软件生成加工代码,最后传给数控机床进行加工,得到相应的零件产品并进行检验。自动编程的步骤如图 4-1-2 所示。

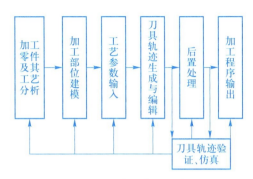

图 4-1-2　自动编程的步骤

（2）自动编程的特点及分类

自动编程时,编程人员输入工件的几何信息以及工艺信息,计算机就可以自动完成数据处理、编写零件加工程序、制作程序信息载体以及程序检验;方便快捷。程序出错的人为因素减小,正确率及编程效率大大提高。目前常用的自动编程种类有图形自动编程、语音自动编程、图像自动编程、数字化自动编程。这里我们将重点介绍图形自动编程的方法。

（3）自动编程软件介绍

目前常用的自动编程软件有 CAXA 制造工程师、Mastercam、UG、Powermill、Catia、Cimatron等,常见自动编程软件界面如图 4-1-3 所示。下面我们将以国产的"CAXA 制造工程师"软件为例来讲解。

图 4-1-3　常见自动编程软件界面

（4）使用"CAXA 制造工程师"加工薄壁岛屿类零件介绍

1）界面介绍。"CAXA 制造工程师"是一款全中文、面向数控铣床和加工中心的三维 CAD/CAM 软件,是一款国产数控加工软件。其软件主界面如图 4-1-4 所示。其界面组成与我们常用的办公软件组成基本相同,操作简单,便于上手。

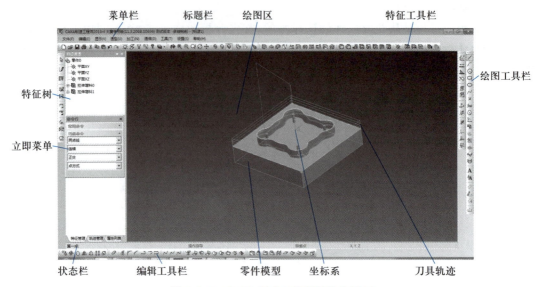

图 4-1-4　CAXA 制造工程师软件主界面

2）基本操作介绍。

软件的基本操作与常用办公软件基本相同,包括打开文件、新建文件、保存文件、删除、粘贴、拷贝、剪切等,如图 4-1-5 所示,在这里不做具体介绍。需要提醒的是"CAXA 制造工程师"保存的文件默认扩展名为×.mxe。

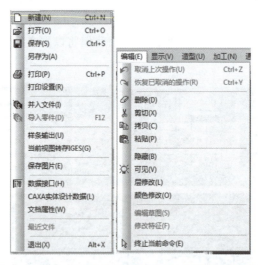

图 4-1-5　"CAXA 制造工程师"的"新建"和"编辑"菜单

3）建模过程介绍。软件的建模主要通过曲线曲面工具、坐标系工具、草图绘制、特征生成工具等菜单栏,配合各种命令行和对话窗口来完成,如图 4-1-6 所示。

4）刀具轨迹生成过程介绍。刀具轨迹的生成主要通过加工菜单下的各种加工策略,配合各种加工策略对话框中的加工工艺分析及设置来完成,如图 4-1-7 所示。

图 4-1-6　建模常用命令及工具菜单

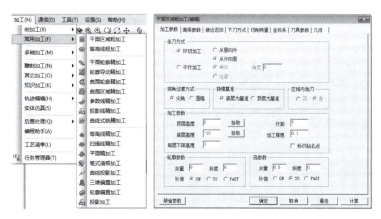

图 4-1-7　刀具轨迹生成设置

5）后置处理设置介绍。刀具轨迹生成后还需要结合实际加工设备的型号系统等进行相应的后置设置,只有设置符合实际加工设备要求,才能生成对应机床能够识别的加工程序,后置处理设置主要通过特征树中轨迹管理选项卡下的,后置设置进行设定,如图 4-1-8 所示。配合后置文件的选择对话框,选择合适的数控系统,单击编辑,如图 4-1-9 所示。进入对应系统后置配置的对话框,如图 4-1-10 所示。通过主轴、程序、运动、关联、刀具、地址等选项的设置,来完成机床所要求的加工程序设置,这是生成程序前的必须准备工作。

6）G 代码生成介绍。G 代码,即加工程序的生成,主要是通过特征树中轨迹管理选项卡下的后置处理生成 G 代码,如图 4-1-11 所示。在弹出的生成后置代码对话框中,如图 4-1-12 所示,选择相应的数控系统,并单击确定按钮。按照提示栏的提示,如图 4-1-13 所示,选择图中相应刀具轨迹,并单击右键确定,即可得到如图 4-1-14所示的 G 代码文本文档。最后,只需要将程序文本输入机床中就可以开始工件的加工了。

图 4-1-8　后置设置的选择　　　　　　　　　图 4-1-9　后置配置中机床系统的选择

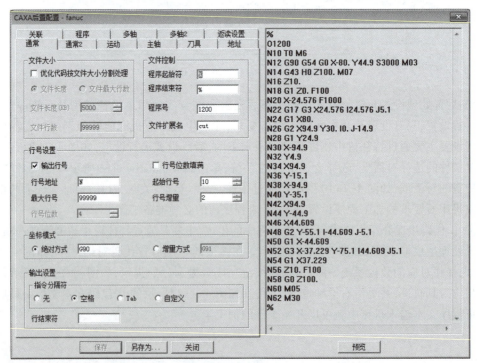

图 4-1-10　对应机床配置文件中程序代码要求的选择

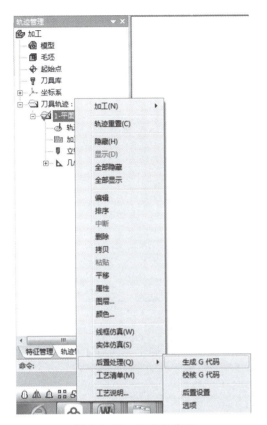

图 4-1-11　生成 G 代码

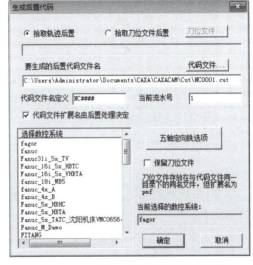

图 4-1-12　生成 G 代码时数控系统选择

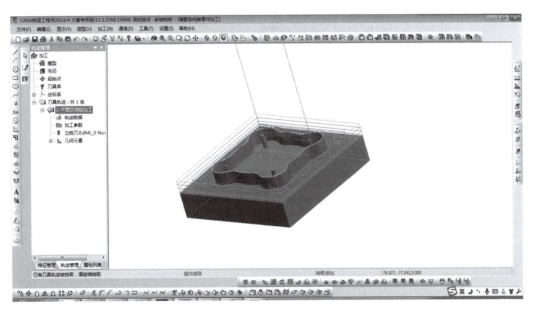

图 4-1-13　按信息栏提示选择相应刀具轨迹

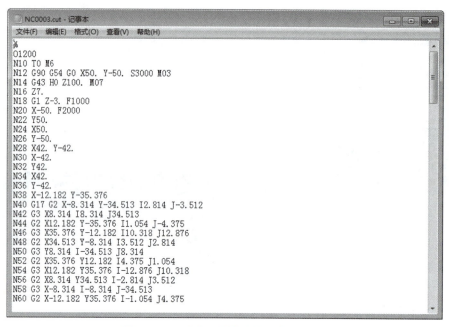

图 4-1-14　相应刀具轨迹的 G 代码文本

注意：生成后的程序一定要通过仿真或机床的图形模拟验证，确定无误后才可以开始首件的试切加工。

三、任务实施

1. 工艺分析

（1）零件加工内容及结构分析

该零件为方形零件，零件材料为 2A12 的硬铝。零件主要结构为 1 mm 厚，10 mm 高的薄壁多圆弧型腔和 4 个直径 3 mm，高度 10 mm 的细圆柱凸台构成，为典型的薄壁岛屿件加工。零件结构虽然简单，但加工难度相当大，需要考虑吃刀深度及切削时的振动刚性等问题，可以通过高速加工和粗精加工的方法避免让刀现象产生。毛坯可选用 100 mm×100 mm×31 mm 的方料。

（2）精度分析

1）尺寸精度分析：该零件尺寸精度要求不高，除了壁厚和深度公差要求 ±0.05 mm 外，其他尺寸没有具体的精度要求，采用自由公差保证即可。

2）形位公差分析：该零件无具体形位公差要求，工艺安排较简单，加工、测量时无须考虑特殊要求，满足零件的一般使用性能即可。

3）表面粗糙度分析：该零件内部结构的表面粗糙度要求一般，为 Ra 12.5 mm，无其他特殊要求。

（3）零件装夹分析

该零件因无形位公差要求，且为方料，故零件装夹较为简单，采用平口钳加垫铁支撑装夹，并以工件前后两个侧面为 Y 向定位基准，以工件底面为 Z 向定位基准即可满足加工要求，注意凸台底面装夹时要高于钳口，避免干涉。

（4）工件坐标系分析

因该零件属于对称工件，为便于各个轮廓的加工及坐标计算，故其工件坐标系的原点设置在工件上表面中心处。

（5）加工顺序及进给路线分析

1）铣外轮廓。外轮廓铣削走刀路线如图 4-1-15 所示，采用环切从外向里的方式，在工件外垂直下刀，留精加工余量 0.5 mm 并分层切削，层高为 3 mm。粗铣结束后根据实际测量值，修改余量大小进行精加工。

2）铣内轮廓及岛屿。内轮廓及岛屿铣削走刀路线如图 4-1-16 所示，采用环切从里向外的方式，在工件内螺旋下刀，留精加工余量 0.5 mm 并分层切削，层高为 3 mm，注意岛屿件加工时刀具直径的选择，避免干涉，该例中选择 6 mm 键槽铣刀，螺旋下刀，行距为 4 mm。粗铣结束后根据实际测量值，修改余量大小进行精加工。

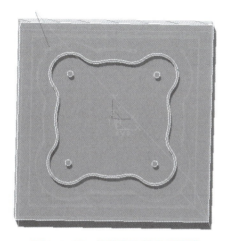

图 4-1-15　外轮廓铣削走刀路线

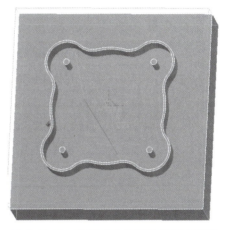

图 4-1-16　内轮廓及岛屿铣削走刀路线

（6）加工刀具分析

加工该零件主要采用键槽铣刀完成内外轮廓及岛屿薄壁件，又因加工时容易振动变形，建议采用高速切削，刀具材料建议选择热硬性较好的硬质合金刀具，便于提高切削速度，且直径越大刀具刚性越好。同时考虑内外轮廓不会干涉，选用直径 12 mm 的键槽铣刀。内轮廓有岛屿，根据实际尺寸，建议选用直径 6 mm 的键槽铣刀，刀具选择见表 4-1-1 的刀具卡片。

表 4-1-1　刀 具 卡 片

工件名称				工件图号	4-1-1	
序号	刀具号	刀具规格名称	数量	刀长/mm	加工内容	刀具材料
1	T01	ϕ80 mm 面铣刀	1	50	铣端面至工件尺寸	高速钢
2	T02	ϕ12 mm 键槽铣刀	1	80	粗精加工外轮廓	硬质合金
3	T03	ϕ6 mm 键槽铣刀	1	60	粗精加工内轮廓及岛屿	硬质合金

（7）切削用量选择

根据前期工艺分析，以及薄壁、岛屿件加工的特点，刀具材料和工件材料、尺寸精度及表面质量要求,结合切削用量选择原则,该任务的切削用量选择如表4-1-2所示。

（8）建议采取工艺措施

为保证零件表面粗糙度要求,故建议采取粗精加工分开的高速铣削方式进行加工,粗加工完成后,留较小的精加工余量,如0.5 mm左右,精加工时不要采用分层,采用一刀切深10 mm的方法保证小圆柱及轮廓的表面质量,应用自动编程,所以要注意刀具行距的选择,注意粗精加工程序的参数设置变化。

具体工序卡片制定见表4-1-2。

表 4-1-2 工 序 卡 片

工件名称			工件图号		4-1-1	夹具名称	机用虎钳
工序	名称	工艺要求			使用设备		
1	备料	100 mm×100 mm×31 mm 方料一块 材料 2A12 铝			主轴转速 $n/(r/min)$	进给速度 $f/(mm/min)$	切削深度 a_p/mm
2	加工中心	工步	工步内容	刀具号			
		1	铣端面（MDI 或手动方式）	T01	650	80	1
		2	粗铣外轮廓	T02	3 000	2 000	3
		3	粗铣内轮廓、岛屿	T03	3 000	2 000	3
		4	精铣内轮廓、岛屿	T03	6 000	1 500	10
		5	精铣外轮廓	T02	6 000	1 500	10
3	检验						

2. 程序编制

自动编程步骤及参考程序请扫描二维码查看。

3. 仿真加工

（1）加工技术要求

毛坯尺寸:100 mm×100 mm×31 mm

材　　料:2A12 铝

加工刀具:ϕ80 mm 端铣刀、ϕ6 mm 键槽铣刀、ϕ12 mm 键槽铣刀

夹　　具:机用虎钳

（2）仿真操作步骤,同项目三中的任务。

（3）加工结果如图4-1-17所示。

4. 实操加工

（1）图样分析

根据图样要求,本任务需要完成以下内容:

1）加工 ϕ3 mm 圆柱凸台。

2）薄壁多圆弧型腔,保证薄壁厚度。

（2）装夹

工件采用机用精密平口钳装夹。

动画
薄壁岛屿类零件自动编程

程序
薄壁岛屿类零件自动编程参考程序

仿真
薄壁岛屿类零件仿真操作

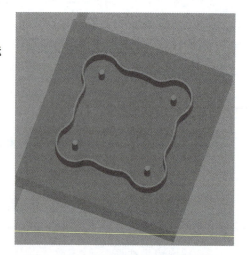

图 4-1-17　项目四任务 1 的加工结果

（3）薄壁类工件加工技巧

1）薄壁类工件加工时要采用先粗后精的加工方式,即粗加工外轮廓→粗加工内轮廓→精加工外轮廓→精加工内轮廓。

2）在高速切削加工中,由于切削力小,可减小工件的加工变形,比较适合于薄壁件,而且切屑在较短时间内被切除,绝大部分切削热被切屑带走,工件的热变形小,有利于保证工件的尺寸、形状精度;高速加工可以获得较高的表面质量,加工周期也大大缩短,所以结合该类薄壁盘类工件的特点,精加工型腔时选用高速加工。

3）加工方式从内到外,可以减少提刀,提升铣削效率。加工时按顺铣方式,由里向外逐步扩展,与外形相似,刀路平顺、柔和,尽量减少剧烈变化,以免引起机床振动。精加工底面时,给侧面预留了 3 mm 余量,以免铣到侧面时吃刀量增大。

4）刀具材料选择要注意,避免刀具出现扎刀、抗刀现象等导致薄壁变形的现象。

四、任务评价

按照表 4-1-3 评分标准进行评价。

表 4-1-3　评 分 标 准

姓名				图号	4-1-1	开工时间	
班级				小组		结束时间	
序号	名称	检测项目/mm	配分		评分标准	测量结果	得分
			IT	Ra/μm			
1	薄壁	R10 八处	5	5	超差不得分		
2		R11 四处	5	5	超差不得分		
3		ϕ60	5	5	超差不得分		
4		1±0.05	10	5	超差不得分		
5		45 两处	5	5	超差不得分		
6	深度	10±0.05	10	5	超差不得分		
7	圆柱	ϕ3 四处	10	5	超差不得分		
8		10±0.05	10	5	超差不得分		
合计			100				

五、拓展训练

完成如图 4-1-18 所示的薄壁岛屿类零件的加工,加工完成后检验工件是否符合要求。

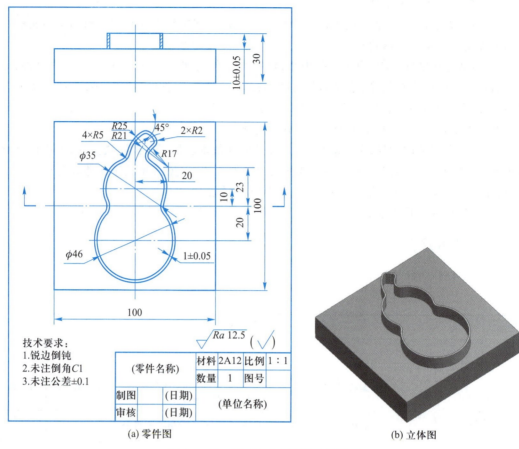

(a) 零件图　　　　　　　　　　　　　　(b) 立体图

图 4-1-18　薄壁岛屿类零件拓展练习

任务 2　曲面零件加工

一、任务描述

本任务要求完成如图 4-2-1 所示工件的加工,该任务主要是内凹球面加工。通过学习掌握曲面加工等铣削的加工工艺;能正确使用宏程序或自动编程中的参数线加工的方法;能合理选择切削用量及刀具;掌握"CAXA 制造工程师"的曲面建模、参数线加工的设置,并能够将程序传输到数控机床完成加工。

二、相关知识

1. 曲面、非圆曲线类工件的加工方法

(1) 曲面类工件加工方法的选择

1) 规则公式曲面(如球面、椭球面等)数控铣削加工时,多采用球头铣刀,以"环切法"进行两轴半或三轴联动加工。编程方法选用宏程序编程或自动编程。

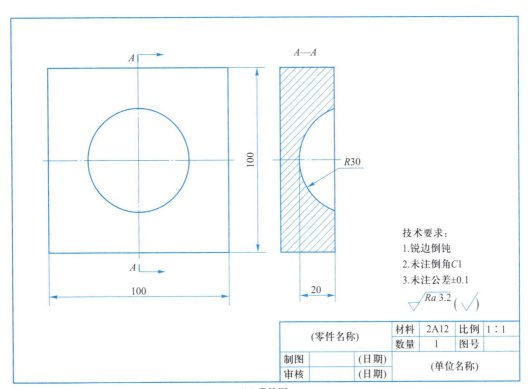

(a) 零件图

技术要求：
1. 锐边倒钝
2. 未注倒角C1
3. 未注公差±0.1

$\sqrt{Ra\,3.2}$ ($\sqrt{}$)

(零件名称)		材料	2A12	比例	1 : 1
		数量	1	图号	
制图	(日期)		(单位名称)		
审核	(日期)				

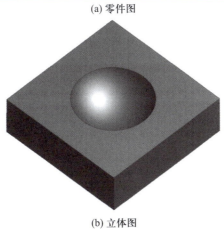

(b) 立体图

图 4-2-1　项目四任务 2 工件

2）不规则曲面数控铣削加工时，通常采用"行切法"（如图 4-2-2 所示）或"环切法"等多种切削方法进行三轴（四轴或五轴）联动加工，编程方法宜选用自动编程。

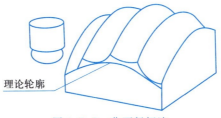

理论轮廓

图 4-2-2　曲面行切法

曲面采用行切法加工时,会在工件表面留有较大的残留面积,影响了表面加工质量。减小行切法残留面积的方法是减小行距。

（2）非圆曲线类工件加工方法的选择

目前大多数数控系统还不具备非圆曲线的插补功能,因此,加工这些非圆曲线时,通常采用直线段或圆弧线段拟合的方法进行。常用的手工编程拟合计算方法有等间距法、等插补段法和三点定圆法等。

1）等间距法。在一个坐标轴方向,将拟合轮廓的总增量（如果在极坐标系中,则指转角或径向坐标的总增量）进行等分后,对设定节点进行的坐标值计算方法称为等间距法,如图 4-2-3 所示。

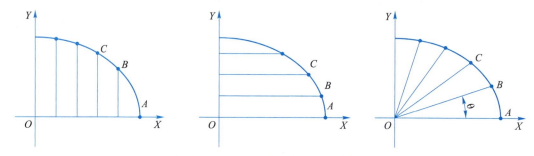

图 4-2-3　非圆曲线节点的等间距法拟合

采用这种方法进行手工编程时,容易控制非圆曲线或立体形面的节点。因此,宏程序编程普遍采用这种方法。

2）等插补段法。当设定其相邻两节点间的弧长相等时,对该轮廓曲线所进行的节点坐标计算方法称为等插补段法。

3）三点定圆法。这是一种用圆弧拟合非圆曲线时常用的计算方法,其实质是过已知曲线上的三点（亦包括圆心和半径）做一个圆。

2. 曲面类工件加工用刀具选择

曲面类工件加工通常选用球头铣刀,球头铣刀的端面不是平面,而是带切削刃的球面,刀体形状有圆柱形球头铣刀和圆锥形球头铣刀,一般小曲面加工采用整体式球头铣刀如图 4-2-4 所示。球头铣刀主要用于模具产品的曲面加工,在加工曲面时,一般采用三坐标联动,铣削时不仅能沿铣刀轴向做进给运动,也能沿铣刀径向做进给运动,而且球头与工件接触往往为一点,这样,该铣刀在数控铣床的控制下,就能加工出各种复杂的成形表面。其运动形式具有多样性,可根据刀具性能和曲面特点进行选择和设计。

图 4-2-4　整体式球头铣刀

3. FANUC 系统 B 类宏程序应用

如何使加工中心这种高效自动化机床更好地发挥效益,其关键之一,就是开发和提高数控系统的使用性能。B 类宏程序的应用,是提高数控系统使用性能的有效途径。

（1）宏程序的定义

由用户编写的专用程序,它类似于子程序,可用规定的指令作为代号,以便调用。宏程序的代号称为宏指令。

宏程序的特点:宏程序可使用变量,可用变量执行相应操作;实际变量值可由宏程序指令赋给变量。

（2）基本指令

1）宏程序的简单调用格式。宏程序的简单调用是指在主程序中,宏程序可以被单个程序段单次调用。

调用指令格式:G65 P（宏程序号）L（重复次数）（变量分配）

其中　G65——宏程序调用指令;

　　　P（宏程序号）——被调用的宏程序代号;

　　　L（重复次数）——宏程序重复运行的次数,重复次数为 1 时,可省略不写;

　　　（变量分配）——为宏程序中使用的变量赋值。

宏程序与子程序相同的一点是,一个宏程序可被另一个宏程序调用,最多可调用 4 重。

2）宏程序的编写格式。宏程序的编写格式与子程序相同。其格式为:

O ~（0001 ~ 8999 为宏程序号）;　　（程序名）

N10…;　　　　　　　　　　　　　（指令）

…;

N ~ M99;　　　　　　　　　　　（宏程序结束）

上述宏程序内容中,除通常使用的编程指令外,还可使用变量、算术运算指令及其他控制指令。变量值在宏程序调用指令中赋给。

（3）变量

1）变量的赋值。

① 直接赋值。在程序中采用赋值号（=）对变量直接赋值,注意赋值号左边不可以是表达式。例:#2 = 20;#1 = #2+50;

② 引数赋值。当调用宏程序时,必须对宏程序中的变量进行初始化,方法是在调用指令中给出各变量的初值,通过对应的引数向宏程序内传递。引数与宏程序内变量的对应关系有两种,即:

自变量赋值方法 I ——使用除去 G、L、N、O、P 以外的其他字母作为地址,如表 4-2-1 所示。

表 4-2-1　自变量赋值方法 I

地址	变量号	地址	变量号	地址	变量号
A	#1	D	#7	H	#11
B	#2	E	#8	I	#4
C	#3	F	#9	J	#5

地址	变量号	地址	变量号	地址	变量号
K	#6	S	#19	W	#23
M	#13	T	#20	X	#24
Q	#17	U	#21	Y	#25
R	#18	V	#22	Z	#26

例:G65 P3000 A10.0 B20.0 I30.0;

上述程序段为宏程序的简单调用格式,其含义为调用宏程序号为3 000的宏程序运行一次,并为宏程序中的变量赋值,其中#1为10.0,#2为20.0,#4为30.0。

自变量赋值方法Ⅱ——可使用A、B、C每个字母一次,I、J、K每个字母十次作为地址,一般用于传递诸如三维坐标值的变量,如表4-2-2所示。

表4-2-2 自变量赋值方法Ⅱ

地址	变量号	地址	变量号	地址	变量号
A	#1	K3	#12	J7	#23
B	#2	I4	#13	K7	#24
C	#3	J4	#14	I8	#25
I1	#4	K4	#15	J8	#26
J1	#5	I5	#16	K8	#27
K1	#6	J5	#17	I9	#28
I2	#7	K5	#18	J9	#29
J2	#8	I6	#19	K9	#30
K2	#9	J6	#20	I10	#31
I3	#10	K6	#21	J10	#32
J3	#11	I7	#22	K10	#33

注:① 任何自变量前必须指定G65。

② 不需要指定的地址可以省略,对应的省略地址的局部变量设为空。

③ 地址不需要按字母顺序指定,但I、J、K需要按字母顺序指定。如:G65 B_A_D_J_K_是正确的,但 G65 B_A_D_K_J_是不正确的。G65 P0020 A50.X40.F100.;表示#1=50.0,#24=40.0,#9=100.5。

2)变量的类型。变量按被使用的范围可以分为局部变量、公共变量、和系统变量等几种,如表4-2-3所示。

表4-2-3 变量的类型

变量号	变量类型	功能
#0	空	该变量值总为空

续表

变量号	变量类型	功能
#1~#33	局部变量	只能用在宏程序中存储数据,例如,运算结果。当断电时局部变量被初始化为空。调用宏程序时,自变量对局部变量赋值
#100~#199 操作型 #500~#999 保持型	公共变量	在不同的宏程序中的意义相同。当断电时,变量#100~#199 初始化为空。变量#500~#999 的数据保存,即使断电也不丢失
#1 000	系统变量	固定用途的变量

其中局部变量#1~#33,是作用于宏程序某一级中的变量称为本级变量,即这一变量在同一程序级中调用时含义相同,若在另一级程序(如子程序)中使用,则意义不同。本级变量主要用于变量间的相互传递,初始状态下未赋值的本级变量即为空白变量。

公共变量#100~#199、#500~#999。可在各级宏程序中被共同使用的变量称为通用变量,即这一变量在不同程序级中调用时含义相同。因此,一个宏程序中经计算得到的一个通用变量的数值,可以被另一个宏程序应用。

系统变量用户无法指定,出厂时由厂家指定为特殊用途,比如特殊的宏程序、特殊的子程序等等重要参数。

(4)算术运算指令

常用变量的运算如表4-2-4所示。

表4-2-4　常用变量的运算

运算	格式	说明
赋值	#i = #j	
加	#i = #j+#k	
减	#i = #j−#k	
乘	#i = #j * #k	
除	#i = #j/#k	
正弦	#i = SIN+[#j]	
余弦	#i = COS+[#j]	
正切	#i = TAN+[#j]	角度的单位为°,如;90°30′应表示为90.5°
反正切	#i = ATAN+[#j]	
平方根	#i = SQRT+[#j]	
绝对值	#i = ABS+[#j]	
四舍五入圆整	#i = ROUND+[#j]	
或	#i = #jOR#k	
异或	#i = #jXOR#k	逻辑运算对二进制数逐位进行
与	#i = #jAND#k	

变量之间进行运算的通常表达形式是:#i=(表达式),并且运算还可以组合。以上算术运算和函数运算可以结合在一起使用,运算的先后顺序是:函数运算、乘除运算、加减运算。同时也可以利用括号改变运算顺序,表达式中括号的运算将优先进行。连同函数中使用的括号在内,括号在表达式中最多可用5层。

（5）控制指令

1）条件转移。编程格式:IF［条件表达式］GOTO *n*

以上程序段含义为:

① 如果条件表达式的条件得以满足,则转而执行程序中程序号为 *n* 的相应操作,程序段号 *n* 可以由变量或表达式替代。

② 如果表达式中条件未满足,则顺序执行下一段程序。

③ 如果程序作无条件转移,则条件部分可以被省略。

④ 常用条件表达式的运算符见表4-2-5。

表 4-2-5 常用条件表达式的运算符

序号	运算符	含义
1	EQ	等于(=)
2	NE	不等于(≠)
3	GT	大于(>)
4	GE	大于或等于(≥)
5	LT	小于(<)
6	LE	小于或等于(≤)

2）重复执行。编程格式:

WHILE［条件表达式］DO *m*(*m*=1,2,3)

…

END *m*

上述"WHILE…END *m*"程序含意为:

① 条件表达式满足时,程序段 DO *m* 至 END *m* 即重复执行。

② 条件表达式不满足时,程序转到 END *m* 后处执行。

③ 如果 WHILE［条件表达式］部分被省略,则程序段 DO *m* 至 END *m* 之间的部分将一直重复执行。

注意:

① WHILE DO *m* 和 END *m* 必须成对使用。

② DO 语句允许有3层嵌套,即:

```
DO 1
DO 2
DO 3
END 3
END 2
END 1
```

③ DO 语句范围不允许交叉，即如下语句是错误的：

DO 1 ┐
DO 2 ┐│
END 1 ┘│
END 2 ┘

以上仅介绍了 B 类宏程序应用的基本问题，有关应用详细说明，请查阅 FANUC0i 系统说明书。

（6）应用举例

试用 B 类宏程序方法完成如图 4-2-5 所示的圆环点阵孔群中各孔的加工。

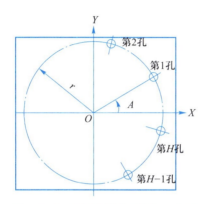

图 4-2-5　圆环点阵孔群的加工应用

宏程序中将用到下列变量：

#1——第一个孔的起始角度 A，在主程序中用对应的文字变量 A 赋值；

#3——孔加工固定循环中 R 平面值 C，在主程序中用对应的文字变量 C 赋值；

#9——孔加工的进给量值 F，在主程序中用对应的文字变量 F 赋值；

#11——要加工孔的孔数 H，在主程序中用对应的文字变量 H 赋值；

#18——加工孔所处的圆环半径值 R，在主程序中用对应的文字变量 R 赋值；

#26——孔深坐标值 Z，在主程序中用对应的文字变量 Z 赋值；

#30——基准点，即圆环形中心的 X 坐标值 X_0；

#31——基准点，即圆环形中心的 Y 坐标值 Y_0；

#32——当前加工孔的序号 i；

#33——当前加工第 i 孔的角度；

#100——已加工孔的数量；

#101——当前加工孔的 X 坐标值，初值设置为圆环形中心的 X 坐标值 X_0；

#102——当前加工孔的 Y 坐标值，初值设置为圆环形中心的 Y 坐标值 Y_0。

用户宏程序编写如下：

```
O8000
N8010   #30＝#101                    （基准点保存）
N8020   #31＝#102                    （基准点保存）
N8030   #32＝1.                      （计数值置 1）
```

N8040	WHILE[#32 LE ABS[#11]] DO1	（进入孔加工循环体）
N8050	#33=#1+360×[#32-1.]/#11	（计算第 i 孔的角度）
N8060	#101=#30+#18×COS[#33]	（计算第 i 孔的 X 坐标值）
N8070	#102=#31+#18×SIN[#33]	（计算第 i 孔的 Y 坐标值）
N8080	G90 G81 G98 X#101 Y#102	
	Z#26 R#3 F#9	（钻削第 i 孔）
N8090	#32=#32+1	（计数器对孔序号 i 计数累加）
N8100	#100=#100+1	（计算已加工孔数）
N8110	END1	（孔加工循环体结束）
N8120	#101=#30	（返回 X 坐标初值 X）
N8130	#102=#31	（返回 Y 坐标初值 Y）
	M99	（宏程序结束）

在主程序中调用上述宏程序的调用格式为：

G65 P8000 A_C_F_H_R_Z_；

上述程序段中各文字变量后的值均应按工件图样中给定值来赋值。

4. CAXA 制造工程师等高线粗加工球面

（1）凹球面建模过程介绍

凹半球建模主要通过实体旋转除料的建模方式得到；首先通过草图绘制如图 4-2-6 所示的一个 100 mm×100 mm 的矩形，然后通过拉伸 30 mm 得的如图 4-2-7 所示的实体模型；再通过 F9 快捷键选择 YZ 平面绘制如图 4-2-8 所示的两条空间辅助曲线，用于确定球体的球心和旋转轴。选择 YZ 平面绘制草图，画出半径为 30 mm 的圆并修剪为如图 4-2-9 所示，为旋转除料做准备。最后旋转旋转除料按钮，并设置相关参数，按提示完成草图和旋转轴的选择，得到如图 4-2-10 所示的模型实体。

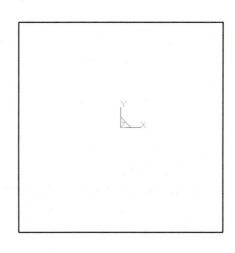

图 4-2-6　绘制矩形草图

图 4-2-7　拉伸建模

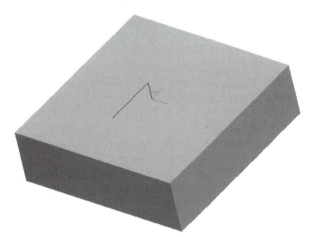

图 4-2-8　绘制两条空间辅助曲线

图 4-2-9　绘制用于旋转的草图截面并修剪

图 4-2-10　旋转除料完成凹半球建模

（2）等高线开粗选择及参数设置

选择加工菜单下的等高线粗加工策略选项，打开等高线粗加工创建对话框如图4-2-11所示，并通过曲线生成菜单中的相关线命令选择实体边界选项，选择如图4-2-12所示的上表面圆弧，建立等高线粗加工中的切削区域。然后通过曲面生成菜单中的实体表面命令，选择如图4-2-13中的凹半球曲面；同时在轨迹管理特征树下选择毛坯，并用右键单击创建毛坯，打开创建毛坯对话框，如图4-2-14所示，选择参照模型后单击"确定"按钮，为等高线粗加工中曲面的选择做准备。

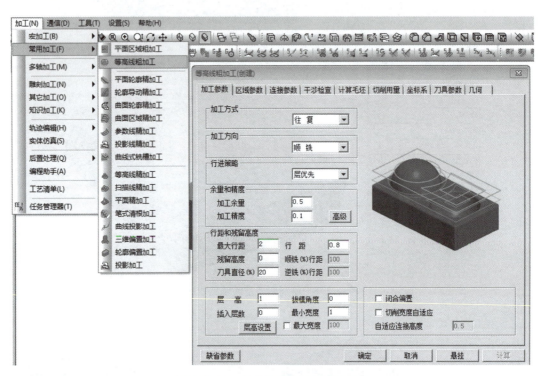

图4-2-11　等高线粗加工创建对话框

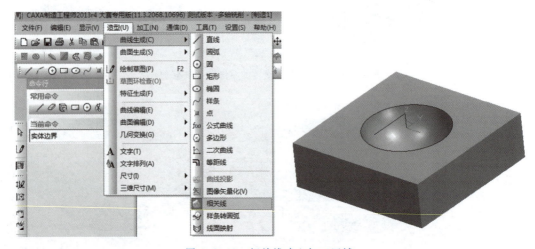

图4-2-12　相关线建立加工区域

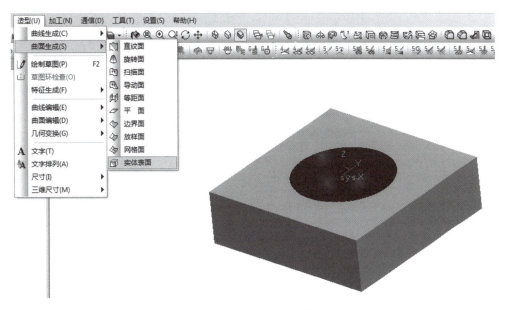

图 4-2-13　实体表面建立凹半球曲面

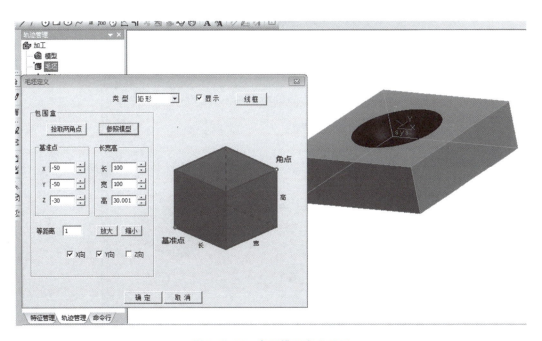

图 4-2-14　参照模型定义毛坯

（3）刀具轨迹生成过程介绍

刀具轨迹的生成主要通过加工菜单下的等高线粗加工策略，配合球面的加工工艺分析对等高线粗加工策略创建对话框中的刀具参数、加工参数、区域参数、切削用量参数等选项卡进行设置，如图 4-2-15～图 4-2-18 所示。

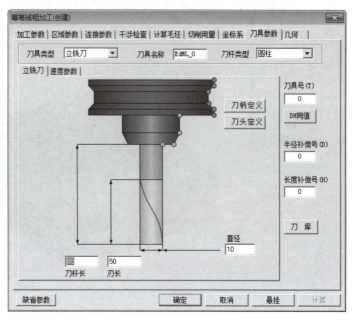

图 4-2-15　粗加工刀具参数设置

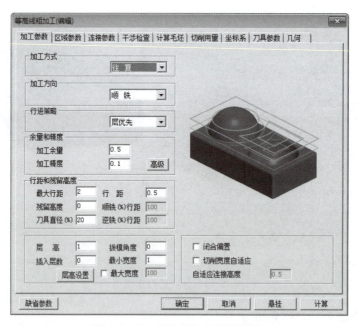

图 4-2-16　粗加工加工参数设置

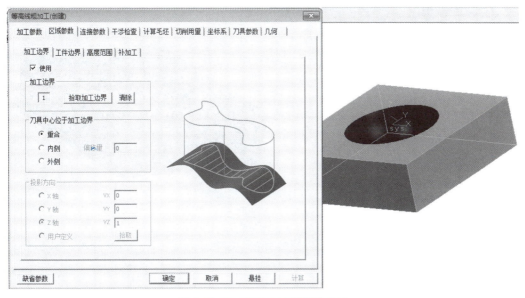

图 4-2-17   粗加工区域参数设置

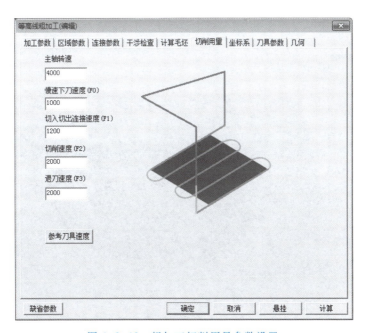

图 4-2-18   粗加工切削用量参数设置

当参数设置完成后根据提示栏内容,选择相应的加工曲面,如图 4-2-19 所示,圆球曲面
会变色显示。单击"确定"按钮后选择如图 4-2-20 所示的上表面圆弧线作为加工区域后,
得到如图 4-2-21 所示等高线粗加工刀具轨迹。

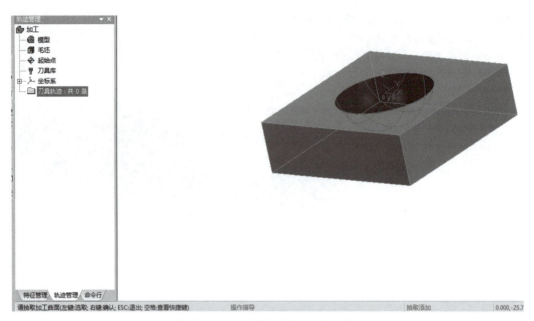

图 4-2-19 根据提示选择加工曲面

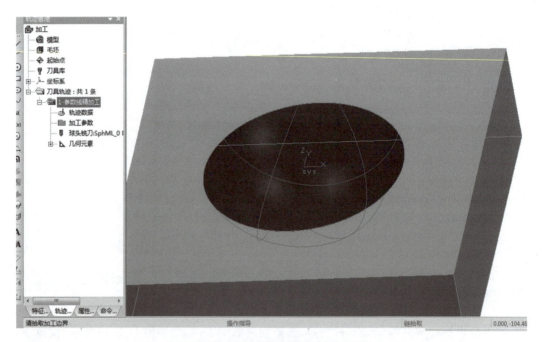

图 4-2-20 根据提示选择加工区域边界

（4）后置处理设置介绍

根据所用实际机床型号进行选择设置,具体方法与任务 1 薄壁岛屿件自动编程时的设置方法相同,在此不再赘述。

（5）G 代码生成介绍

根据前面的后是设置,选择合适的机床生成相应的 G 代码,具体方法与任务 1 薄壁岛屿件自动编程时的 G 代码生成方法相同,在此不再赘述。

具体的操作过程及详细介绍,可以扫码下文中的二维码观看视频。

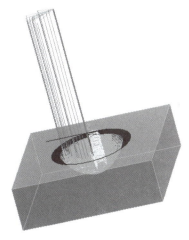

图 4-2-21　等高线粗加工
刀具轨迹生成

5. CAXA 制造工程师参数线精加工球面

（1）凹球面建模过程介绍

参数线精加工采用原来等高线粗加工时所建立的模型,直接进行参数线精加工相关参数设置即可。

（2）参数线精加工策略的选择

选择加工菜单下的参数线精加工选项,打开参数线精加工创建对话框,如图 4-2-22 所示。并对其中的刀具参数、加工参数、区域参数等选项卡进行设置。

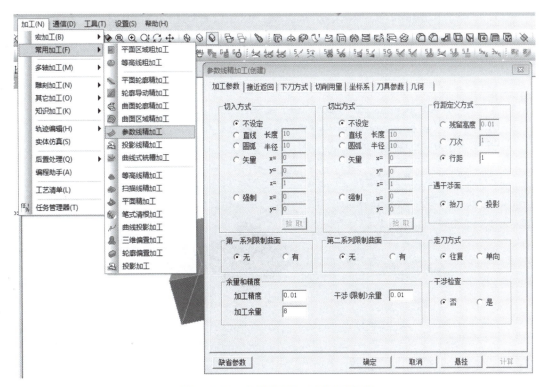

图 4-2-22　参数线精加工创建对话框

（3）刀具轨迹生成过程介绍

刀具轨迹的生成主要通过参数线精加工（创建）策略对话框中的刀具参数、切削用量参数、加工参数、下刀方式等各个参数设置,配合球面的加工工艺分析来完成,如图 4-2-23~图 4-2-26 所示。

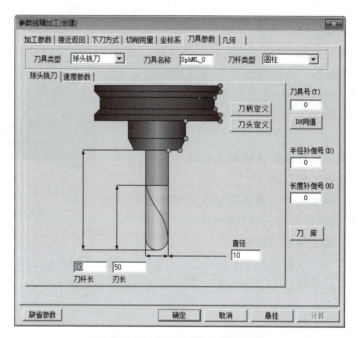

图 4-2-23　精加工刀具参数设置

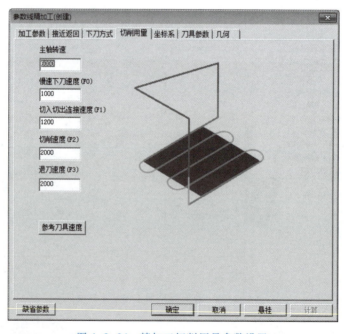

图 4-2-24　精加工切削用量参数设置

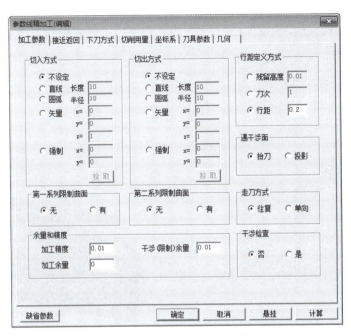

图 4-2-25　精加工加工参数设置

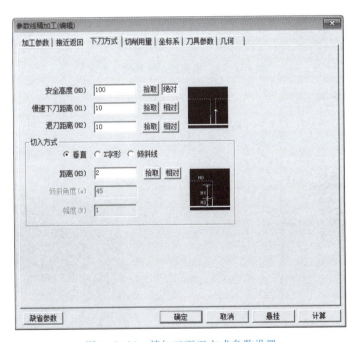

图 4-2-26　精加工下刀方式参数设置

当参数设置好后,根据提示栏信息,选择如图 4-2-27 所示的曲面作为加工曲面,右键确认后根据提示选择如图 4-2-28 所示的曲面加工方向,可以通过左键单击图中箭头改变曲面加工余量的去除方向。右键继续单击后根据提示选择如图 4-2-29 所示的进刀点,该列选择坐标原点为进刀点。继续右键单击,选择如图 4-2-30 所示的曲面加工方向,同样利用鼠标左键单击图中的白色箭头可以改变切削进给方向。根据提示继续选择如图 4-2-31 所示的干涉曲面,该例中无干涉曲面限制,故直接右击跳过即可。最后得到如图 4-2-32 所示的精加工刀具轨迹。

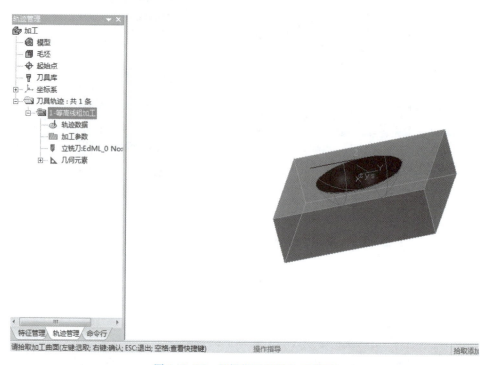

图 4-2-27　根据提示选择加工曲面

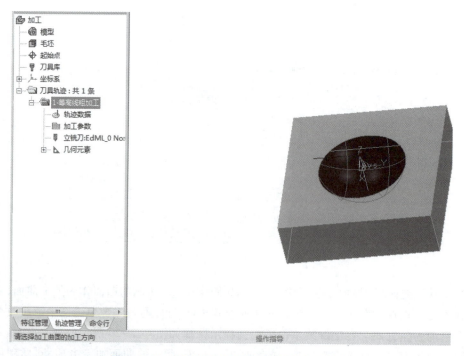

图 4-2-28　根据提示选择加工曲面的加工方向

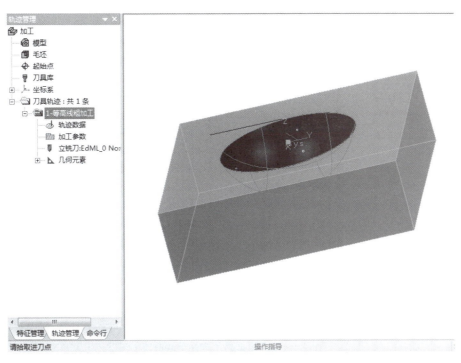

图 4-2-29　根据提示选择坐标系原点为进刀点

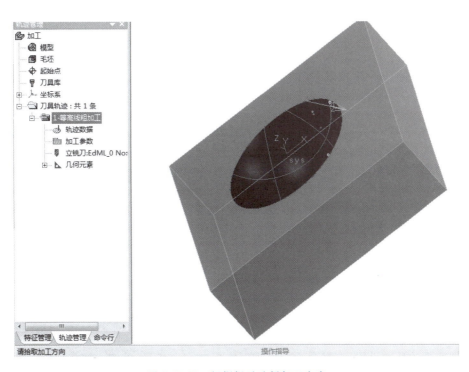

图 4-2-30　根据提示选择加工方向

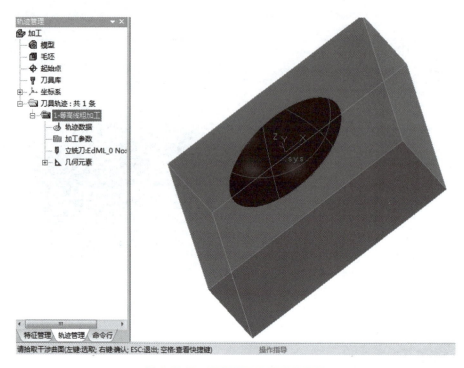

图 4-2-31　根据提示选择干涉曲面

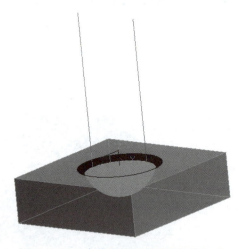

图 4-2-32　参数线精加工刀具轨迹生成

（4）后置处理设置介绍

后置处理设置根据所用实际机床型号进行选择设置,具体方法与任务 1 薄壁岛屿件自动编程时的设置方法相同,在此不再赘述。

（5）G 代码生成介绍

根据前面的后置设置,选择合适的机床生成相应的 G 代码,具体方法与任务 1 薄壁岛屿件自动编程时的 G 代码生成方法相同,在此不再赘述。

具体的操作过程及详细介绍,可以扫码下文中的二维码观看视频。

注意:生成后的程序一定要通过仿真或机床的图形模拟验证,确定无误后才可以开始首件的试切加工。

三、 任务实施

1. 工艺分析

（1）零件加工内容及结构分析

该零件为方形零件,零件材料为 2A12 的硬铝。零件主要结构是直径为 30 mm 的一个内凹球面加工,为典型的曲面类零件加工。零件结构虽然简单,但加工难度相当大,需要考虑刀具选择及粗、精加工,可以通过手动宏程序编程加工,也可以借助自动编程软件实现。毛坯可选用 100 mm×100 mm×31 mm 的方料。

（2）精度分析

1）尺寸精度分析:该零件尺寸精度要求不高,所有尺寸没有具体的精度要求,采用自由公差保证即可。

2）形位公差分析:该零件无具体形位公差要求,工艺安排较简单,加工、测量时无须考虑特殊要求,满足零件的一般使用性能即可。

3）表面粗糙度分析:该零件内部结构的表面质量要求较高,为 $Ra3.2$ mm,故而在精加工选择行距和层高时要注意不能过大,且选用球刀加工精度会更好保证。

（3）零件装夹分析

该零件因无形位公差要求,且为方料,故零件装夹较为简单,采用平口钳加垫铁支撑装夹,并以工件前后两个侧面为 Y 向定位基准,以工件底面为 Z 向定位基准即可满足加工要求,注意凸台底面装夹时要高于钳口,避免干涉。

（4）工件坐标系分析

因该零件属于基本对称工件,为便于各个孔的加工及坐标计算,故其工件坐标系的原点设置在工件上表面中心处。

（5）加工顺序及进给路线分析

1）开粗。粗加工走刀路线如图 4-2-33 所示,采用环切从里向外,从上向下的方式,在工件上方螺旋下刀,留精加工余量 0.5 mm,行距 6 mm,层高为 1 mm。粗铣结束后选择球头铣刀用参数线精加工的策略进行精加工。

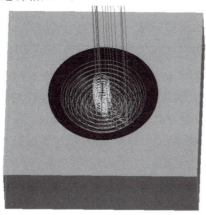

图 4-2-33　粗加工走刀路线图

2）精加工。精加工走刀路线如图4-2-34所示,采用球头铣刀沿着Z轴环切加工,用直径为10 mm的球头铣刀从里向外,从上向下进行精加工,并从工件上方垂直下刀。

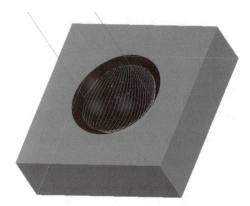

图4-2-34　精加工走刀路线图

（6）加工刀具分析

加工该零件主要采用R10 mm的键槽铣刀完成凹球面的粗加工,且直径越大刀具刚性越好。选用R5 mm的球头键槽铣刀精加工球面,为提高加工效率,刀具材料均选用硬质合金刀具。刀具选择见表4-2-6的刀具卡片。

表4-2-6　刀具卡片

工件名称				工件图号		4-2-1
序号	刀具号	刀具规格名称	数量	刀长/mm	加工内容	刀具材料
1	T01	ϕ80 mm 面铣刀	1	120	铣端面至工件尺寸	高速钢
2	T02	ϕ10 mm 键槽铣刀	1	90	粗铣圆球	高速钢
3	T03	ϕ10 mm 球头铣刀	1	60	精铣圆球	硬质合金

（7）切削用量选择

根据前期工艺分析,曲面类零件加工的特点,以及刀具材料和工件材料、尺寸精度及表面质量要求,结合切削用量选择原则,该任务的切削用量选择见表4-2-7。

（8）建议采取工艺措施

球面加工为得到较好的表面质量,所以刀具移动行距、层高等都不应过大,越小精度越高,表面质量也越好,一般取0.05~0.2 mm。且曲面加工时球头刀的加工质量优于键槽铣刀质量。当行距与层高设置较小时,侧吃刀量较小,为提高加工效率,可以采用大的进给速度,同时选用较高的主轴转速,但主轴转速越高对刀具的热硬性及耐磨性要求也随之增高,所以该任务刀具均建议选用硬质合金的刀具材料,以增加刀具的转速。特别要强调的是,采用键槽铣刀粗加工比采用球头铣刀粗加工的效率要高,但是键槽铣刀在粗加工刚切入工件时,由于刀具是全齿切削,所以进给速度不宜过快,否则容易断刀,所以粗加工时可以通过倍率旋钮控制切削速度,当刀具切入工件后并按照正常设置的行距和层高切削时,倍率再逐渐加大到正常值。具体工序卡片制定见表4-2-7。

任务 2　曲面零件加工

表 4-2-7　工 序 卡 片

工件名称			工件图号	4-2-1	夹具名称	机用虎钳
工序	名称	工艺要求		使用设备		
1	备料	100 mm×100 mm×31 mm 方料一块 材料 45 钢		主轴转速 $n/(\text{r/min})$	进给速度 $f/(\text{mm/min})$	切削深度 a_p/mm
2	加工 中心	工步	工步内容	刀具号		
		1	铣端面（MDI 或手动方式）	T01	650	80	1
		2	粗加工圆球	T02	3 000	500	1
		3	精加工圆球	T03	4 000	1500	0.2
3	检验					

动画
曲面类
零件自动
编程

2. 程序编制

圆球精加工手动宏程序编程参考程序见表 4-2-8，CAXA 自动编程步骤及自动编程参考程序请扫描二维码查看。

表 4-2-8　圆球精加工手动宏程序参考程序

程序
曲面类零
件自动编
程　参考
程序

程序段号	FANUC 0i 系统程序	程序说明
N10	O0001;	程序名
N20	G90G94F500M03S3000G54;	程序初始
N30	G00Z20.	Z 向定位到安全平面
N40	#1=0	圆弧中心 X 绝对坐标点
N50	#2=0	圆弧中心 Y 绝对坐标点
N60	#3=5	安全高度
N70	#4=30	凹半球圆弧半径
N80	#5=5	球刀半径
N90	#6=11.52	步距初始角度
N100	G00X#1Y#2	刀具移动到凹半球中心上方
N110	Z#3	Z 向定位安全高度
N120	G01Z0F50	Z 向下刀点
N130	WHILE[#6LE90]DO1	如果初始角度小于等于 90° 则进入循环
N140	#101=[#4-#5]*COS[#6]	分层圆弧半径插补计算
N150	#102=[[#4-#5]*SIN[#6]]-5	逐次自上而下深度计算
N160	G90G01Z-#102	逐次自上而下深度插补
N170	G91X#101	直线插补到凹半球曲面上
N180	G02I-#101	逐次整圆分层圆弧插补

续表

程序段号	FANUC 0i 系统程序	程序说明
N190	G00X-#101	返回凹半球中心
N200	#6＝#6+1	步距角度增加1°
N210	END1	返回循环
N220	G90G00Z20.	Z 向退刀至工件上方 20 mm 处
N230	M30	程序结束

3. 仿真加工

（1）加工技术要求

毛坯尺寸：100 mm×100 mm×31 mm

材　　料：2A12 铝

加工刀具：φ80 mm 端铣刀、φ10 mm 键槽铣刀、R10 mm 球头铣刀

夹　　具：机用虎钳

（2）仿真操作步骤

同项目三任务 2。

（3）参考程序

手动宏程序参考程序见表 4-2-4，CAXA 自动编程参考程序扫描二维码进行阅读。

（4）加工结果

加工结果如图 4-2-35 所示。

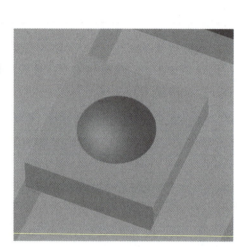

图 4-2-35　项目四任务 2 的加工结果

4. 实操加工

（1）图样分析

根据图样要求，本任务需要完成 R30 mm 凹半球曲面。

（2）装夹

工件采用机用精密平口钳装夹。

（3）程序用 CF 卡传输方法

仿真
曲面类零件仿真加工

动画
CF 卡程序传输

四、任务评价

按照表 4-2-9 评分标准进行评价。

表 4-2-9　评分标准

姓名			图号	4-2-1	开工时间	
班级			小组		结束时间	
序号	名称	检测项目/mm	配分 IT	配分 Ra/μm	评分标准	测量结果	得分
1	外形	$SR30$	40	40	超差不得分		

序号	名称	检测项目/mm	配分		评分标准	测量结果	得分
			IT	Ra/μm			
2	深度	20	10	10	超差不得分		
合计			100				

五、拓展训练

完成如图 4-2-36 所示的曲面类零件的加工,加工完成后检验工件是否符合要求。

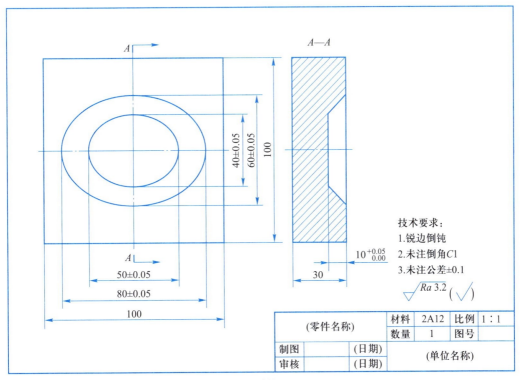

技术要求:
1.锐边倒钝
2.未注倒角C1
3.未注公差±0.1

$\sqrt{Ra\,3.2}$ ($\sqrt{}$)

		材料	2A12	比例	1:1
(零件名称)		数量	1	图号	
制图	(日期)				
审核	(日期)	(单位名称)			

(a) 零件图

(b) 立体图

图 4-2-36　曲面类零件拓展练习

综合任务

一、 任务描述

本次综合任务是完成复杂零件的加工,工件如图 4-3-1 所示。

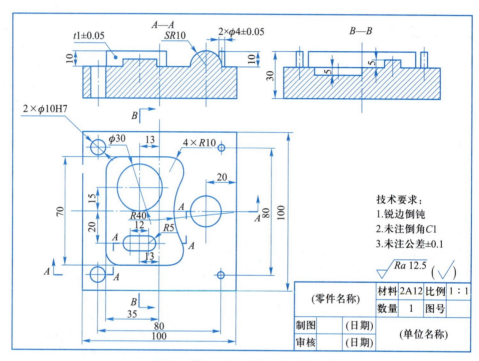

图 4-3-1 复杂零件的任务图

二、 任务实施

该综合任务包含孔、型腔、轮廓、薄壁、岛屿、曲面、细小凸台等结构加工,根据前期任务的学习和实施,加工时要注意加工工艺的设计以及加工路线的安排。

1. 工艺分析

完成该任务的刀具选择并填写数控加工刀具卡片(见表 4-3-1)。

表 4-3-1 数控加工刀具卡片

工件名称				工件图号		4-3-1
刀具号	刀具名称	刀具规格	加工内容	刀尖半径	刀尖方位号	备注
T01						
T02						
T03						

续表

刀具号	刀具名称	刀具规格	加工内容	刀尖半径	刀尖方位号	备注
T04						

教师审核签名：

完成该任务的加工工艺拟定并填写数控加工工艺卡片（见表4-3-2）。

表4-3-2 数控加工工艺卡片

工件名称		工件图号	4-3-1	使用设备		夹具名称		
工序号	名称	工步号	工步内容	刀具号	主轴转速 $n/(\mathrm{r/min})$	进给速度 $f/(\mathrm{mm/r})$	切削深度 a_p/mm	备注

教师审核签名：

2.程序编制

编制该任务的加工程序。

3.仿真及实操加工

按照所编制程序、工序完成仿真及实操加工。

三、 任务评价

按照表4-3-3评分标准进行评价。

表4-3-3 评分标准

姓名				图号		4-3-1	开工时间	
班级				小组			结束时间	
序号	名称	检测项目/mm	配分		评分标准	测量结果	得分	
			IT	$Ra/\mu\mathrm{m}$				
1	薄壁	70	3	2	超差不得分			
2		35	3	2	超差不得分			
3		R40	3	2	超差不得分			
4		R10	3	2	超差不得分			

续表

序号	名称	检测项目	配分		评分标准	测量结果	得分
			IT	$Ra/\mu m$			
5	薄壁	10	3	2	超差不得分		
6		1±0.05	3	2	超差不得分		
7	孔	2×ϕ10H7	3	2	超差不得分		
8	圆球	SR10	3	2	超差不得分		
9	凸台	12	3	2	超差不得分		
10		13	3	2	超差不得分		
11		20	3	2	超差不得分		
12		R5	3	2	超差不得分		
13		5	3	2	超差不得分		
14	型腔	15	3	2	超差不得分		
15		13	3	2	超差不得分		
16		ϕ30	3	2	超差不得分		
17		5	3	2	超差不得分		
18	圆柱凸台	2×ϕ4±0.05	3	2	超差不得分		
19		10	3	2	超差不得分		
20		30	3	2	超差不得分		
合计			100				

参考文献

［1］曹井新.数控加工工艺与编程［M］.北京:电子工业出版社,2009.

［2］劳动和社会保障部教材办公室.数控加工工艺学［M］.北京:中国劳动社会保障出版
社,2005.

［3］赵正文.数控铣床/加工中心加工工艺与编程［M］.北京:中国劳动社会保障出版
社,2006.

［4］周虹.数控加工工艺设计与程序编制［M］.北京:人民邮电出版社,2009.

［5］顾京.数控加工编程及操作［M］.北京:高等教育出版社,2003.

［6］肖龙,赵军华.数控铣削(加工中心)加工技术［M］.北京:机械工业出版社,2010.

［7］陈洪涛.数控加工工艺与编程［M］.北京:高等教育出版社,2003.

［8］劳动和社会保障部教材办公室.数控加工基础［M］.北京:中国劳动社会保障出版
社,2007.

［9］FANUC 有限公司 BEIJINGFANUC0*i*-MC 操作说明书.北京:2002.